世纪波
Century Wave

情绪剖面图

陈冬冬 著

电子工业出版社

Publishing House of Electronics Industry

北京·BEIJING

图书在版编目（CIP）数据

情绪剖面图 / 陈冬冬著. —北京：电子工业出版社，2020.8
ISBN 978-7-121-39207-8

Ⅰ. ①情… Ⅱ. ①陈… Ⅲ. ①情绪－自我控制－通俗读物 Ⅳ. ①B842.6-49

中国版本图书馆CIP数据核字（2020）第116207号

责任编辑：刘淑丽
插图绘制：凌欣怡
印　　刷：涿州市京南印刷厂
装　　订：涿州市京南印刷厂
出版发行：电子工业出版社
　　　　　北京市海淀区万寿路173信箱　　邮编100036
开　　本：720×1000　1/16　印张：16　字数：182.5千字
版　　次：2020年8月第1版
印　　次：2020年8月第1次印刷
定　　价：69.00元

凡所购买电子工业出版社图书有缺损问题，请向购买书店调换。若书店售缺，请与本
社发行部联系，联系及邮购电话：（010）88254888，88258888。
质量投诉请发邮件至zlts@phei.com.cn，盗版侵权举报请发邮件至dbqq@phei.com.cn。
本书咨询联系方式：（010）88254199，sjb@phei.com.cn。

推荐序一

将"开卷有益"这四个字用于本书，真可谓名副其实！

"读万卷书，行万里路"，是中国人学习理论的智慧总结。现如今，科技更发达，社会更包容，信息传播更迅速，出书的速度也犹如中国经济的发展——日新月异！但同时，时尚有余，经典不足，好多书都只是昙花一现，快速地就"走"了，正如它快速地"来"，不带走一丝眷恋。就读者而言，对好书的寻寻觅觅，犹如雾里看花、水中望月，也更需要一双慧眼。否则到头来，不仅是花了银子，费了时间，可能唯一的收获就是积累了失望！

但我相信，这本书，不会让你失望！

首先，这本书的主题关系到每个人的生活，甚至关系到每个人的福祉！

美国哈佛大学有一项关于幸福的研究，历经75年的时间，跟踪调查了724个人的一生，历经几代专家的努力，终于解开了幸福人生的密码。研究结果表明，决定一个人幸福的核心要素，是拥有知己的数量。当我们快乐时，可以和更多的人分享；当遇到痛苦时，有更多的人可以倾诉，这样的人生才是幸福的。

然而，获得知己是一种能力！如今，社会的离婚率居高不下，企业的离职人数也逐年增加。究其原因，是现代人在更多的选择机会前失去了自控的能力。相处时只是遇到一丁点儿的磕磕碰碰，再感人的海誓山盟也无法成为"性格不合"的解药；工作中仅仅是受到一点儿批评或错失一些机会，便将"社会不公"视为自我安慰的药方。这种"尊重自己的感觉"的决定又如何能换得知己？到头来，也只落得"一弯冷月照诗魂"，却不知"解铃还须系铃人"。事实上，任何两个变量若没有约束条件便无法组成方程。同样，任何两个人若没有相互的理解、尊重和包容，也就不可能成为知己。正如紫鹃劝慰林黛玉时所说的肺腑之言："万两黄金容易得，知心一个也难求。"若真有获得知己的良药，谁又不想要呢？

此书也许不是经营知己的良药，但希望是这剂良药中的君药。因为获得知己的关键在于识别和控制情绪，这便是此书的主题。

俗话说，不打不相识，任何两个人都不可能完全惺惺相惜。真正的知己，不是成就于表面上的阿谀奉承，更不会产生于相互利用，而是造化于暴风雨般的情绪之后的知人知面更知心！正如本书的观点所言，情绪是情感的外在反映，是情感的报警器，只有直面对方的情绪，才能真切理解对方内心的情感。包容甚至接纳了这份情感，便能增进对方的信任。如果说，增进一份信任，犹如得了对方一两黄金，若能有一万次梳理对方情绪的经历，就犹如得了对方的万两黄金，那么"知心一片"也便容易得了。

然而，知行难合！道理人人懂，又有多少人能做得到？面对对方的情绪，特别是愤怒的情绪时，谁还能保持一颗平和之心，去聆听对方内心的声音？正如圣方济各所言："在有猜疑的地方，让我播种信任！"

那么，我们该如何知行合一呢？这本书将通过情绪的"火山模型"引导你寻找答案！

其次，这本书的结构奇巧，涉猎多元，适合的读者范围相当广。

作为一名管理培训师，我在教学相长的互动中学习，并且阅读过不少书籍。但不管读什么样的书，都有一个对象原则，即这本书适合什么样的读者来阅读？所以，我在购书时都会先了解一下书的主旨和适用性。

我把从书中学到的知识分为三类，即本知、旁知和它知。本知是对自己的职业生涯或人生目标最有影响或与其最密切相关的知识；旁知是指帮助自己实现人生目标、起到促进作用的知识；而它知是和自己的人生目标关系不大，但可以丰富社会阅历的知识。相对应而言，书可以分为专业书籍、参考书籍和休闲书籍。所以同样一本书，每位读者对它的定位是不同的。对你来说，某本书提供的是本知；但对我来说，可能只是作为休闲书看看而已。但就另一本书，对你我的价值可能正好相反。因此，对于每个人而言，读书的书目必须要以自己的目标展开，切不可受时尚影响而偏离了读书的方向。虽然你希望能博览群书，以证明你有无限的潜力，但很遗憾，人的精力是有限的，看书得有取舍！

所以，关于推荐书籍方面，我的建议是：本知的书要求缘，旁知的书要修缘，它知的书要随缘。

但看完这本书，我却困惑了，甚至不知将此书推荐给哪些读者！

因为这本书所涉及的应用面太广了，犹如中国哲学体系的一源三流。此书围绕"情绪"这个核心要素，将管理心理学、社会心理学和教育心理学融会贯通，并通过大量的事实和案例将心智模式到内心需求再到情绪反应的逻辑剖析得张本继末。让读者可溯本求源，可始末缘由，让每位想了解情绪的读者都能获益。

如果你是企业内的管理者，那么这本书对你的帮助最大。它是一本帮助你控制情绪的教科书，堪称管理心理学的实战工具书，它是求缘之书！经典的管理案例分析、实用的情绪控制表单和丰富的自测工具，将帮助你处理管理工作中的各类情绪问题。

如果你是家长，此书将对你产生积极的影响，它是修缘之书！正如书中的观点：父母是孩子情绪教育的第一位老师，作为父母，教育孩子不仅是一种责任，更是一种能力。此书将通过生动的案例、细致的分析及"枕头法"和动机分析法等工具帮助你应对和孩子互动过程中遇到的典型场景。

如果你只是想要看一本书打发无聊时间，那么，这本书也适合你，它是随缘之书！替天行道的鲁提辖、火星市的"创可贴"饭店、失恋的吴蜀代等故事，都能给你带来快乐，同时也给你带来启迪，可谓寓教于乐；若你正在恋爱，那此书也将是你的恋爱秘籍。若你只是希望了解个大概，建议你先看看每个章节的小结；若你有足够的时间，还能从此书中找到你喜欢的明星！王宝强、沈腾、吴京、凤凰传奇、金秀贤等，不一而足。

最后，我想推荐这本书给你，还有一个理由是因为此书的作者——陈冬冬。

他是一位普通的管理培训师，课虽然上得不错，但也没有什么名气。在百仕瑞工作五年来，也没有发生过什么惊天动地的故事。说白了，他就一凡人。

然而，当我得知他在撰写此书，并看了他的书稿后，便觉得他才识过人，令我佩服。

我佩服他的专注。除了备好课、上好课，这两年多的时间里，他几乎把所有的业余时间都花在了此书上。旁征博引源于他博览群书，信手拈来得益于他丰富的阅历，持之以恒是因为他有远大的志向！"宝剑锋从磨砺出，梅花香自苦寒来"，此书也是他用无数个夜晚熬出来的！

我佩服他的智慧。工科生能有如此丰富的心理学知识，不到四十岁就能总结出情绪模型，电气工程专业却能有如此扎实、行云流水般的文字功底。特别是他刻画人物的心理，竟然如此深刻细致、活灵活现，堪称心理分析师之英才！施耐庵也未必知道鲁智深的内心是如此这般的细腻！

我本以为，不做妈妈写不出育儿经，做了父母才懂养育情！要写情绪方面的书，自己得有丰富的情绪经历甚至是磨难。虽然作者在书中说他也曾对人"大声咆哮"，然而，在我眼中的陈冬冬，性格特别温和。他的人生至今也不算跌宕起伏，也从未听说过他和同事们争吵，感觉他的内心就像他的娃娃脸一样，平和而又纯真。但他对情绪的理解竟如此的深刻和广博，可见他的领悟力有多高！

他尊称我为恩师，我却实在有愧于"恩师"二字，无论学识还是为人我都没有教给他多少，我就权当是他对我的鞭策吧！不过，让我骄傲的是，他书中所倡导的自省和散发出来的正能量，正是我想表达的。这至少说明，我们是同道之人。所以，我也很荣幸为他的力作作序。

在此，请允许我引用他书中的一段话："只有从改变自己的态度出发，本书才能对你有所帮助。"

改变对任何人都很难，正因如此，能够改变的人才更有机会！希望这本书能为你的改变提供助力！

谢谢！

杨文彪

百仕瑞集团创始合伙人

情绪是一枚硬币的两面，它既可以摧毁一个人，也可以成就一个人。我们对待一切所谓负面情绪的办法通常是：用快乐战胜悲伤。人们往往执着于"反相"的道理，但用"反相"真的能解决问题吗？

例如，多数人还是将狂躁症视为洪水猛兽，或起码视为心理健康的敌人。至于失落、愤怒、焦虑和恐惧等负面情绪，一样普遍被视为不好的东西。当这些情绪出现时，一味地朝反方向躲避往往不能真正解决问题。

如果你常被这些体验困扰，那么，本书值得一读。

印度哲人克里希那穆提说，一切问题源自我们拒绝接受真相。因为拒绝接受真相，我们刻意朝相反的方向走，当我们这样做时，我们就会陷入"反相"的泥潭中。

譬如，你感到愤怒，但你觉得愤怒不好，于是你表现得更有善意，但当愤怒积攒太多时，突然一天你爆发了……

譬如，你内向，但你觉得内向不好，于是你变成了一个热爱交友的人，但当别人问："谁是你的知己呢？"你却发现，自己心中没有一个真正的朋友……

譬如，你容易焦虑，但你觉得焦虑不好，于是你总是表现得波澜不惊，但长期得不到发泄的焦虑情绪使你患上了胃溃疡、十二指肠溃疡……

我们常说虚妄，由"反相"组成的人生便是虚妄。这些都不是解决之道。

但是情绪一直都在，我们要如何面对它？即使是负面情绪，也应该把它们当成你心灵成长的"雕刻刀"。日本作家村上春树的一部小说中曾写道，男主人公有时会潜入井底一段时间，而当他从井底出来的时候，他的身上就多了一些不可思议的能量。当我们学会应对自己的情绪，并有效地管理它们，我们就会获得更多的能量。

陈冬冬的这本《情绪剖面图》就是能给你能量的那口井，通过本书，你将学会接纳情绪，并管理好情绪。

本书的主题可以用到很多地方：

如何识别自己和他人的情绪；

如何面对愤怒的自己和他人；

如何应对语言和行为暴力；

如何调节自己和他人愤怒；

如何摆脱愤怒的羁绊；

……

陈冬冬是我的同事，他是一个极认真好学、执着坚持且善于思考的人。我全程见证了他一步步成长为一名优秀的培训师，故而对他有这样的评价。

这本书的成书过程，恰恰淋漓尽致地体现出他的优良品质。当时我委托他开发一门《情绪和压力管理》的课程，为此，陈冬冬进行了大量的研究和阅读。随着研究的深入，他逐渐提炼出属于自己的观点，并独创出情绪的"火山模型"。至此，他并没有停止脚步，而是继续对这个模型进行深入构建，不断迭代升级。在研究的过程中，他持续记录自己的见解和思考，最终决定凝聚成书。当我问他为什么要写作此书时，他说："有太多的人困扰于愤怒情绪，甚至不惜恶言恶语，拳脚相加，他们缺乏有效的方法来化解自己的情绪，也无法应付对方的情绪。虽然百仕瑞每年服务4000家以上的客户，但有更多人无法得到百仕瑞的培训，这本书就可以算作百仕瑞服务的延伸，来帮助那些一时无法参加培训的人。"

这是一本真正的好书，这本书将为你赋能，让你理解自己和他人的情绪，学会分析和疏导情绪，最终认知它，管理它，跨过它，成为一个更从容、更快乐的自己。

陈勇进

百仕瑞产品总监

前 言

亲爱的读者：

可能是冥冥之中自有天意，感谢你在这茫茫的书海中，明智地选择了本书。

现在捧在你手里的是一本什么样的书呢？

这是一本讲述如何与自己相处，以及如何与他人相处的书。

沉浮于这个大千世界，我们都怀揣着美丽的梦想。可是，那些我们迫切想要得到的——生命权、自由权与追求幸福的权利，看起来却不一定一直掌握在我们手里。所以，我们对家人、对朋友、对邻居、对同事、对上级、对下级……都有一定的期待。我们期待他们能够友善地对待我们，能够接纳我们、认可我们；期待能够获得友谊；期待彼此关爱、友善相处……期待一切都能够按照我们的想法去运转。

可是这种期待，有时换来的却是失望，这让人倍感痛苦，甚至一筹莫展。

比如：

老板把最好的机会给了别人；

父母要求你什么事都按照他们的想法做；

合作部门总是把"皮球"踢到你这里；

"另一半"总是喋喋不休；

下属犯了不可原谅的错误；

别人误解了你的善意；

孩子把你的话当耳旁风；

邻居总是把垃圾弄得满楼道都是；

……

面对这些情境，逃避并不能有效地解决问题。然而，当我们鼓起勇气尝试去解决时，却发现他们的想法竟然和我们不一样——他们竟然不愿意听我们的，甚至恶语相对。这让人感觉非常无奈！

此时，情绪就悄然登上了舞台。

可是，大哭大闹、彼此羞辱，并不会让我们如愿以偿，只会让彼此的关系摇摇欲坠，甚至反目成仇。哪怕是最亲近的人，比如父母，可能也曾让我们感到特别愤怒与怨恨。

为什么一切不能走上正轨，得到令人满意的结果？

与人相处，竟然让我们如此困惑！

这就是人活一世，每个人都不得不面对的巨大挑战。这些挑战我们不能等闲视之，如若放任情绪爆发，相互攻击，后果可能非常不利，会让我们背负巨大的心理负担。有效管理好自己的情绪、处理好对方的情绪，才更容易让我们成功应对这些挑战，进而给我们的人生带来新的天地。

在你生命中的某个时刻，是否也曾出现以下希望？如果是，请打钩：

☐能有效化解与人的冲突；

☐指出某人的错误时，不会遭到反对；

☐能改变某人；

☐能化解别人的敌意；

☐能有效处理分歧；

☐不再轻易生气；

□能有效处理自己的情绪；

□能化解别人的攻击性行为；

□能有效应对某人的不公正评价；

□能应对一个特别厌恶的人；

□在受到伤害时，仍能妥善处理；

□让某人能听进去自己的意见；

□能得到某人的认可；

□能摆脱不良情绪的反复纠缠。

这些期待是否也曾萦绕在你的心头？如果是，那么就请你轻轻地翻到第一章，开启一场情绪之旅吧。情绪管理能力的提升，可以为你个人、为你的家庭、为你的公司，带来巨大的转变！

请相信我，你将不虚此行，并将见证自己可喜的进步。

本书能够顺利完成，特别要感谢我的爱人，是她默默承受着家庭重担，给我莫大的体谅与支持，让我能腾出时间来，心无旁骛地写作！

更重要的是要感谢我的学员，是你们的坦诚相待，让我对情绪的认知得到大幅提升！（为保护个人隐私，书中凡涉及个人真实经历的地方，均已融入案例，且进行了化名处理。）

感谢恩师杨文彪、陈勇进的提携与指导！

感谢百仕瑞集团五年的培养！

感谢电子工业出版社独具慧眼！

感谢电子工业出版社编辑的幕后工作！

感谢凌欣怡的妙笔插图，每一幅都完美表达出了我的深意！

目 录

第一章　冲动是魔鬼　/001

　　情绪决定人生道路　/002

　　好汉的真面目　/006

第二章　情绪的作用　/011

　　情绪的积极面　/012

　　情绪的消极面　/016

　　我们面临的挑战　/018

第三章　情绪的脉络　/021

　　情绪的展开过程　/022

　　情绪管理的正确路径　/024

　　情绪的火山模型　/026

第四章　情绪化行为　/032

　　情绪化行为是什么　/034

语言暴力详解 /035

行为暴力详解 /045

及时干预方能"立地成佛" /052

情境案例应用 /058

第五章　诱发性事件 /072

破解诱发性事件 /073

改变别人的行为 /074

改变对事件的理解 /076

情境案例应用 /086

第六章　内心的情绪 /093

压抑不是办法 /094

我们不了解情绪 /096

什么是情绪 /096

我们产生了什么情绪 /099

情绪的解析 /103

情境案例应用 /108

第七章　主观的评价 /116

是谁让你如此愤怒 /117

破除"是非对错"的思维 /122

"受伤"的解析 /137

第八章　当下的需求　/ 153

　　　　情绪的根源　/ 154

　　　　摆脱情绪的控制　/ 156

　　　　情绪化的原因　/ 159

　　　　满足需求的策略　/ 163

　　　　如何应对攻击　/ 172

第九章　心智的模式　/ 191

　　　　情绪会成为一种习惯　/ 192

　　　　情绪习惯的行为模式　/ 196

　　　　情绪疗伤　/ 200

第十章　情绪管理的应用　/ 218

　　　　情绪失常时的愤怒　/ 219

　　　　火山模型的应用　/ 220

附录 A　鲁提辖拳打镇关西　/ 229

附录 B　好心没有好报　/ 232

参考文献　/ 236

第一章　冲动是魔鬼

手段的不纯洁必然导致目的的不纯洁。

——圣雄甘地

情绪决定人生道路

当人被情绪吞噬

我的一个学员说，他的邻居人挺好的，但有一天却把自己的爱人给杀害了。

重庆的一对夫妻吵架，两人越吵越凶，妻子摔门而出，准备驾车离开。丈夫冲上去，张开双臂拦在车前，试图阻止妻子离开。双方继续争吵，妻子突然加速，丈夫当场命丧黄泉。被带到派出所时，妻子在喃喃自语："如果，当初没那么冲动就好了。"

大梦初醒，早已物是人非。

这两起事件的后果都是惨不忍睹的。亡者已魂归他处，活着的人，往后余生都要在牢狱中背负着愧疚与悔恨的枷锁痛不欲生。情绪的发泄，并没有让他们感到快乐和内心安宁，而是不得不面对更大的麻烦，承受更多的煎熬。

我们不要认为行凶者都是绝情寡义的坏人。可能在平时，他们和我们一样，都是一个个有情有义的普通人。甚至就像我的那个学员说的，他那个邻居，人还挺好的呢。

是什么让他们从一个有情有义的普通人，变成一个绝情寡义的行凶者？当时，在他们的心中，都充满了憎恨与怨毒，不让对方化为齑粉难雪心头之恨。

事件的背后正是这样的极端情绪在推波助澜。

坏情绪有时真的就像魔鬼一样，可以把人吞噬，瞬间就把人推向万劫不复的深渊。当一个人被情绪控制了，他可以从圣洁的天使，变成无恶不作的魔头。他可能不再顾忌任何后果，甚至希望鱼死网破，行凶杀人。

释放却无法释怀

国外的调查发现，凶杀案中，有1/6是夫妻谋杀案。正所谓，最深爱的人，造成的伤害也最深。但是对于大部分人来说，这两起案件毕竟都是极端案例，我们可不一定会做出这么血腥的事情！即使我们有情绪，可能仅仅是拳脚相加，但没有死人；可能仅仅是相互羞辱，吵得面红耳赤，但没有动手；可能仅仅是相互冷战，但没有辱骂。

比如这个案例：

刘经理是一家公司的生产经理。鉴于最近多家企业发生重大安全生产事故，国家安全生产监管力度空前加大，安全管理形势非常严峻。这两个月以来，他狠抓安全，把安全管理放在了前所未有的高度：不论是安全制度、隐患排查、预防措施、安全培训、应急演练方面，还是现场巡查方面都采取了积极的措施，并看到了立竿见影的效果。

但是最近在现场巡查时，他还是频繁地发现有员工不遵守公司的PPE穿戴要求。为此他专门组织了一次安全现状改善会议，组织手下所有的主管和班组长，一起来认清形势，然后狠抓落实。

在会上，他神情肃穆、语气坚定地强调："这个事情，我们三令五申地讲，还是重复发生，而且多次发现，这是不可接受的。未来，PPE穿戴，必须采取零容忍的态度。说句实话，我对你们非常失望！"

这时，一位叫李部庆的班组长有些迟疑不决地举起手来，刘经理示意他讲话。只见他神色有些慌乱，眼神中透露出些许的不安，嗫嚅地说："这个事情，我们跟你一样，天天讲、月月讲、年年讲。现在的问题……问题是，有好多员工都在说，为什么你刘经理每次到车间就可以不穿劳保鞋，而要求他们必须穿！"

这明显是来打领导脸的！

同事们都惊呆了，整个会议室里鸦雀无声，大家面面相觑，有点不知所措。这个事情，平日里大家都心知肚明，但是又有谁敢触犯"龙颜"？今天李部庆挺身而出，真是"舍得一身剐，敢把皇帝拉下马"！大家心里都在打鼓，眼睛"唰，唰，唰"都转向了刘经理，不知道李部庆这个可怜虫将会面临什么样的命运。

在这千钧一发的关头，刘经理充满了尴尬与愤怒，只见他双眉倒竖，眼冒金星，右手攥紧了手中的激光笔，指向李部庆，仿佛要一枪毙了他。他咬紧牙关，一字一句地说："你给我出去！"他的声调也明显提高，他无法容忍这样的冒犯！

在刘经理看来，这样做，一方面让冒犯者得到了惩罚，维护了自己的尊严；另一方面杀鸡儆猴，只有这样雷厉风行，才能一竿子到底！

李部庆的情商有点低，大庭广众之下，揭开上级的伤疤。但刘经理的表现也是半斤八两，他愣头青似的处理方式，的确是把情绪释放了，但并不光彩。

而且事后很可能并不会如他所愿——息事宁人。他的表现，让旁观的其他人如何看待安全管理这件事？他本人会给大家留下什么样的印象？大家私下里怎么评价他？

当时，他是否想过这些问题？

我们作为一个旁观者，可以猜一下，后面会不会出现这种情况：上下级的关系开始发生改变，员工慢慢开始阳奉阴违？安全措施的推进难度更大了，甚至原地踏步？员工不再相信公司的任何承诺，对公司政策百般抵制？各项政策措施出现滞后甚至滑坡？各种流言蜚语、恶意诋毁弥漫于公司的每个角落？员工对公司不再留恋，跳槽率开始升高？

情绪让人成事不足

这样的后果是刘经理不愿看到的，也是我们不愿看到的。我们希望能够与他人在"晴川历历汉阳树，芳草萋萋鹦鹉洲"的温柔乡中，心平气和地，彼此和睦相处。

可是由于情绪从中作梗，这样的期待有时却会落空。

情绪，有时让我们成事不足，败事有余。

一个无法妥善处理情绪的人，看待事情更加主观化，往往容易冲动和暴怒，容易和别人产生冲突；甚至会威胁自己的人际关系、婚姻幸福、职业生涯……

最终，情绪决定了一个人人生道路的宽度与高度！

好汉的真面目

《水浒传》中的故事我们都耳熟能详，书中讲述了一群落草为寇的英雄好汉"风风火火闯九州，该出手时就出手"的故事，那么他们是如何出手的呢？不如我们来共同欣赏一下这段《鲁提辖拳打镇关西》吧。

三个酒至数杯，正说些闲话，较量些枪法，说得入港，只听得隔壁阁子里，有人哽哽咽咽啼哭。鲁达焦躁，便把碟儿盏儿都丢在楼板上。酒保听得，慌忙上来看时，见鲁提辖气愤愤地。酒保抄手道："官人，要甚东西，分付卖来。"鲁达道："洒家要甚么？你也须认得洒家！却恁地教甚么人在间壁吱吱的哭，搅俺弟兄们吃酒，洒家须不曾少了你酒钱！"酒保道："官人息怒，小人怎敢教人啼哭，打搅官人吃酒。这个哭的，是绰酒座儿唱的父女两人，不知官人们在此吃酒，一时间自苦了啼哭。"鲁提辖道："可是作怪！你与我唤得他来。"

酒保去叫，不多时，只见两个到来，前面一个十八九岁的妇人，背后一个五六十岁的老儿，手里拿串拍板，都来到面前。看那妇人，虽无十分的容貌，也有些动人的颜色，拭着泪眼，向前来深深的道了三个万福。那老儿也都相见了。鲁达问道："你两个是那里人家？为甚啼哭？"那妇人便道："官人不知，容奴告察：奴家是东京人氏，因同父母来这渭州，投奔亲眷，不想搬移南京去了。母亲在客店里染病身故，子父二人，流落在此生受。此间有个财主，叫做'镇关西'郑大官人，因见奴家，便使强媒硬保，要奴作妾。谁想写了三千贯文书，虚钱实契，要了奴家身体。未及三个月，他家大娘子好生利害，将奴赶打出来，不容完聚，着落店主人家，追要原典身钱三千贯。父亲懦弱，和他争执不得，他又有钱有势，当初不曾得他一文，如今那讨钱来还他？没计奈何，父亲自小教得奴家些小曲儿，来这里酒楼上赶座子，每日但得些钱来，将大半还他，留些少子父们盘缠。这两日酒客稀少，违了他钱限，怕他来讨时，受他羞耻。子父们想起这苦楚来，无处告诉，因此啼哭，不想误触犯了官人，望乞恕罪，高抬贵手！"

鲁提辖又问道："你姓甚么？在那个客店里歇？那个镇关西郑大官人？在那里住？"老儿答道："老汉姓金，排行第二。孩儿小字翠莲。郑大官人，便是此间状元桥下卖肉的郑屠，绰号镇关西。老汉父女两个，只在前面东门里鲁家客店安下。"鲁达听了道："呸！俺只道那个郑大官人，却原来是杀猪的郑屠！这个腌臜泼才，投托着俺小种经略相公门下做个肉铺户，却原来这等欺负人！"回头看看李忠、史进道："你两个且在这里，等洒家去打死了那厮便来！"史进、李忠抱住劝道："哥哥息怒，明日却理会。"两个三回五次劝得他住。

（本案例后文会继续分析，详情可参考附录A：鲁提辖拳打镇关西。）

对于这一段，你是否感觉似曾相识？记得我们上初中时就学过这个段落了。那么文章看完了，有两个问题：

（1）你觉得鲁提辖是一个什么样的人？

（2）他的判断是否客观？

我们先来看第一个问题：你觉得鲁提辖是一个什么样的人？

毋庸置疑，鲁提辖是一位梁山好汉。

但我认为他是一个易怒的人。上文900余字，鲁提辖有两次动怒，而且两次都是怒不可遏，简直是"山雨欲来风满楼"。没有一场大战，简直无法平息。

第一次，是翠莲在间壁啼哭，便惹恼了他。他不仅仅是生气了，而且这股怒气化成了他的"情绪化行为"——不管不顾地，把碟儿盏儿都丢在楼板上。这是准备拼命的节奏啊！

第二次，听翠莲讲了自己版本的故事后，又了解到镇关西就是郑屠，鲁提辖二话不说，就像佛教徒所说的"着相"了，整个人都进入走火入魔的境地，立即便要"去打死了那厮"。

面对这种情况，他完全可以去了解翠莲所说背后的真相，也可以帮助翠莲去评理，或者帮助翠莲寻求法律的帮助。但在他那被热血冲昏的头脑里，这些都不会进入他的考量范围。他不愿再去考虑分寸的拿捏，而是毅然决然地，要走向那条自我毁灭之路——"去打死了那厮"。

我们不禁怀疑，《水浒传》作为古典文学名著，竟然塑造这样的英雄好汉？难道这就是古人心目中的英雄侠义之士？

接下来我们来看第二个问题：他的判断是否客观？

其实，鲁提辖的判断并不客观！

第一次，在听到翠莲的哭声时，他并不知道这哭声是不是冲他而来，也不知道人家啼哭背后的隐情。就叫来酒保，也不容分说，一股怒气全部撒在人家身上，说人家叫人在间壁哭，而且强调我也没少你酒钱。他这是在责备酒保，这样的行为对酒保是不公平的。听完酒保的解释，我们都能看出来，他太冲动，太不理智。但他不过是把气消了，却没有反省自己"太冲动"——还不了解情况，就已经动粗了。

鲁提辖，冲动是魔鬼呀！

第二次，按照翠莲的说法，郑屠是个地道的坏人，"虚钱实契"，"上了车却不买票"，而郑屠大娘子简直坏到"头顶长疮，脚底流脓"，不但把她赶出来，还要把没发生的"买票钱"要回去。

但翠莲这些话是真的吗？如果"嫉恶如仇"的鲁提辖能吸取第一次无端指责酒保的教训，三思而后行，也许就不会有后来的事了。可是他是一个健忘的人，好了伤疤忘了疼。完全没有去验证这话的真实性，立即就血脉偾张、咬牙切齿地，贸然选择去"替天行道"。

我们甚至感觉，在鲁提辖的手下，根本就没有什么正义可言！

结果大家都知道，他完全被情绪控制了，找到郑屠的肉铺，二话不说，三拳把人家打死。打死了人又怕吃官司，一道烟奔向五台山。看来，即使在黑暗的旧社会，杀了人，还是要为自己的行为负责的。

那么镇关西被活活打死的时候，翠莲父女在做什么？

《水浒传》原书上说：当天一早，翠莲父女，早早地觅了一辆车，远走高飞了。

如果翠莲说的话是她炮制的，那就等于是说，我们正义凛然的鲁提辖被人利用了。一时的鲁莽，白白断送了自己的后半生。这是多么痛的领悟。

所以说，冲动是魔鬼。我们不能像鲁提辖一样，面对一件未经证实的小事，就怒发冲冠，甚至不顾后果，最终害人害己。鲁提辖前有五台山、后有梁山能收容他，庇护他，我们可没有。我们可是需要为我们的行为负责的，尤其是当"情绪化行为"产生不可收拾的后果时。

本章小结

我们都希望能与人和谐相处，但由于情绪从中作梗，这种期待有时会落空。

情绪，有时让我们成事不足，败事有余。一个有情有义的普通人，当被情绪控制了，也会变成绝情寡义的行凶者。

人在情绪冲动时，看待事情并不客观。

如果任由情绪冲动去行事，小则伤害人际关系，大则造成伤亡，最终并不能让我们安心如愿，而是给我们带来更大的麻烦。

第二章　情绪的作用

事实上，我没有因此就真的丧失了信心，相反，我又重新鼓起勇气开始刻苦地练习。现在，我总算可以在众人面前说话了，尽管我的声音不够优美，可是比起不能讲话，到能够用嘴巴说话，这对我的工作进展有很大的帮助。

——海伦·凯勒

前一章的内容告诉我们，情绪管理能力太弱的话，轻则伤害我们的人际关系，重则造成伤亡。这情绪也太可怕了！

其实我们完全不必因噎废食，害怕情绪！

情绪的积极面

如果没有情绪

如果我们都没有了情绪，那将会是一个什么样的世界呢？就像联想曾经的广告词中说的："人类失去联想，世界将会怎样？"情绪也一样，如果人类失去情绪，世界将会怎样？

如果没有情绪，我们就没有了激情与失望，没有了快乐与痛苦，没有了自信与嫉妒，我们将变成一个"植物人"。洞房花烛夜，金榜题名时，我们一点都快乐不起来；国破山河在，生离死别时，也不能让我们感受到些许的惆怅。我们不会再有梦想和抱负，不会再憧憬与奋进，仅仅成了一台只有条件反射的机器！

同样，我们和他人也不会再有情感的联系，不再有母慈子孝，不再有推心置腹，不再有耳鬓厮磨。亲情、友情、爱情都将与我们形同陌路，同情心会让人嗤之以鼻，社会伦理也将失去底线。

如果没有情绪，我们甚至连艺术作品都欣赏不了，如电影、电视、音乐、小说。因为缺乏情绪的代入，我们无法感同身受，就无法体验其中之美。那么，人类就不再需要精神世界。

人类将会"情感失明"，从此整个世界山河变色，陷入黑与白的单调色系！

可以说，情绪是人类生活的核心，正因为有情绪，才让我们的生活如此生机勃勃！

情绪的另一面

就像狄更斯说的："这是一个最好的时代，这是一个最坏的时代。"情绪也一样，它可以是最好的，也可以是最坏的。如果我们用二分法的话，情绪便可以分为正面情绪和负面情绪。

正面情绪包括开心、自信、自豪、陶醉、感激、欣赏、爱等。

不要以为正面情绪都代表了正向与积极。

虽然当我们拥有正面情绪时，会感到快乐自在，如沐春风。但你是否知道有人贪图享乐与安逸，在声色犬马中蹉跎岁月。当回首往事时，却又止不住地扼腕叹息！沉湎于快乐的情绪之中，人会乐不思蜀，却不愿为了长远打算做出丝毫改变。

其实，这也体现了情绪控制的能力——延迟满足！

但有些正面情绪却又对人是如此的重要。

"人生不如意事十常八九"，谁能保证自己一辈子都能顺风顺水呢？而"逆境是天才的进身之阶"！当我们在人生的路上，遭遇坎坷与磨难时，你是否能够保持坚定与乐观，不轻易放弃自己的努力与拼搏？当面对他人的冷眼与不公时，你是否能够一笑而过，仍然充满斗志与决心，而不失对他人、对这个世界的善意？

如果是这样，那你将是一个非常强大的人。整个世界都会为你而敞开大门！

这样的情绪当然是越多越好。

而负面情绪包括焦虑、恐惧、愤怒、失望、羞愧、困惑、伤心等。

我们也不要以为负面情绪都代表了负向与消极。

有时，负面情绪甚至对我们大有好处。因为负面情绪会对我们赋能，让我们破釜沉舟，从此变得更加努力与不屈；它让我们迷途知返，从此不再继续沉沦与蹉跎；它会唤醒正向积极的我们，让我们勇于进取，变得更加强大。

哪怕是本书的核心主题——愤怒，也是有益的。可不要以为，我们把自己扮成菩萨一样，对人总是慈眉善目，从不表现出任何愤怒就是对的。有时愤怒能够帮我们阻止别人的不当行为，甚至，能够帮我们争取回本属于我们自己的权益！

但研究显示，愤怒之下，人普遍具有对愤怒对象制造伤害的冲动。有时，它会把人压垮，一时处理不当，就会造成破坏性的结局。

老子早就看透了这一切，所以他说："祸兮福所倚，福兮祸所伏。"

😊 当危机降临

大自然鬼斧神工，优胜劣汰，竟然让我们人类把这些负面情绪的本能保留下来。这说明这些情绪是有它存在的价值的。

在史前时期，我们的祖先是生活在大自然的怀抱中的，挖个山洞，铺点稻草，就当家了。渴了喝点泉水，饿了吃点松子，长期处于食不果腹的状态。而且他们随时都可能面临巨大的危险，不知道会遇到狼虫虎豹，还是断壁悬崖。在泰山压顶般的危险当中，生命，就像草芥一般，随时都危在旦夕。

我们人类能存活下来，情绪在其中起到了生死攸关的作用。

比如，当我们的一个祖先去采集水果时，突然看到一头老虎正虎视眈眈，跃跃欲试。面对这种危险，具备理性思维的他，决定仔细想想：这是一个什么动物？属于猫科还是犬科？它有没有危险？要不要先试探一下？短短几秒钟，进行理性思考的话，他肯定就成为老虎的饕餮盛宴了。

正是以血肉之躯，舍身饲虎！

在这间不容发的时刻，犹豫不决只会让他前途未卜，此时唯一需要的就是当机立断。正是他内心中的恐惧、焦虑、愤怒的情绪瞬间蔓延至他的每一条毛细血管，让指尖都渗出汗珠，才帮他武装到了牙齿。我们的祖先也许不明白为什么会这样，但他会感觉到小心脏扑通、扑通地跳起来，不安、流汗、颤抖、指尖麻木，都在显示他把每个毛孔都调动起来。此时他的整个机体，都在杏仁核的指挥协调下，无缝切换到了危机应对系统，血液从其他器官"调离"，充斥到他四肢的肌肉上。同时肾上腺素顺着四通八达的血液，注入他身体的每一个细胞，让他的双臂和双腿高度紧张。他整个人都已如猛兽般，箭在弦上。此时的他，要么"三碗不过岗"，冲上去，挥起有力的双臂，招招毙命；要么抬起腿来，健步如飞，一溜烟跑掉。

情绪就是我们祖先身体内的警告信号，属于生理防卫系统的一部分。它的价值就在于，让他们在面对刻不容缓的危险时，能够迅速决断，方能帮他们一次次死里逃生、化险为夷，延续下我们人类的血脉。

所以我们的祖先如果没有负面情绪，在优胜劣汰的自然选择面前，可能只能束手就擒，被淘汰是命中注定！同样，如果现在的我们没有负面情绪，面对危险时，也会处理不当，让自己深陷危机之中。

情绪的消极面

然而，时代已经变了，我们早已远离了丛林。狼虫虎豹被囚禁于动物园，畏畏缩缩，我们不再惧惮它们那慵懒的眼神。悬崖峭壁进化成了旅游胜地，我们渴望去一饱眼福，去体验那种"会当凌绝顶，一览众山小"的豪迈。

现在，我们面临迫在眉睫的危险的机会已经很少了。而我们的基因代代遗传，仍然把这种情绪本能保留于我们的体内，准备在面对危险时，随时帮助我们脱离虎口。

当这种本能太强的时候，就会造成当面对与人的观点不一样时，当面对别人的指责时，当他人的行为达不到我们预期时，我们的大脑仍然会迅速地把这种情况锁定为危险状态。杏仁核迅速启动，武装我们去战斗或逃跑。这种情况叫作"杏仁核劫持"。

此时，我们的智力水平和爬行动物处在同一个层次。因为我们的内心世界波涛汹涌、变幻莫测，情绪的兴风作浪就把清晰的意识挡在门外，让我们无法理性思考，更别提有效应对。我们很有可能采取错误的策略，以求达到错误的目的。

等事情过后，一切烟消云散，理性的我们也悄悄地回来了，此时已不知过了几世几劫。再回望那怒不可遏、声嘶力竭的时刻，感觉就像演了一场戏，但很可能一切皆为时已晚，玉石俱焚的局面早已不可挽回。

情绪摇身一变，成了导致我们个人生活和事业挫折的罪魁祸首。

而如果每个人都是这样，在负面情绪的驱动下，以面对巨大危险的策略来应对工作和生活，那么整个社会就只能变成"强凌弱，众暴寡"的"社会达尔文主义"。那就不符合我们现在的生存环境了。

所以我们需要这些本能来保护我们，同时，在日常生活中也要防止这种本能的过度发挥。

我们面临的挑战

实际上，在我们的日常工作中、生活中，有太多的情境会把情绪卷入。但却需要我们能够气不喘、心不慌，游刃有余地有效处理。

比如：

说服上级给自己加薪时；

指出领导的错误时；

批评别人的错误时；

拒绝某人时；

功劳被人抢走时；

面对指责时；

面对不礼貌的行为时；

面对很难沟通的人时；

面对总是冒犯你的人时；

面对不听话的孩子时；

面对破裂的婚姻关系时；

和配偶探讨孩子培养问题时；

和配偶探讨资金分配问题时；

……

这些情境，处理起来可能会非常棘手，不必我们去敲门，情绪自然就守在门口。一念之差就会热血上涌，一意孤行。处理不当，可能会让我们赔了夫人又折兵，然后陷入非常尴尬的境地。甚至在此后很长一段时间里，也都会悔不当初。

这些，都对我们的情绪管理能力提出了非常高的要求。这种情绪管理的能力，有时甚至和智商无关。哪怕是高智商的人，都可能会采取两败俱伤的做法。不论你的做法是什么，都会决定你和对方是一拍两散还是能够继续和平相处。

我们是否能够进退有度，游刃有余？还是撕破脸皮，相互诋毁，甚至大打出手？

我们希望通过本书，和你一块儿来探讨如何提升情绪管理的能力，进而让我们在面对扑朔迷离的情绪问题时，不再弄巧成拙，反而能够从容应对，最后全身而退。不再出现把原来的温情脉脉变成不屑一顾，把原来的歃血为盟变成反目成仇，把原来的举案齐眉变成琴瑟不调的情况。

本章小结

情绪让人类的生活多姿多彩，生机勃勃。

正面情绪不一定都代表了正向与积极，负面情绪也不一定都代表了负向与消极。

情绪对人类血脉的延续起到了生死攸关的作用，属于生理防卫系统的一部分。但这种本能，有可能会让我们采取错误的策略，以求达到错误的目的。

日常工作、生活中，有许多情境会把情绪卷入。即使智商高，也不一定能够有效处理。如果处理不当，会让我们陷入非常尴尬的境地。

第三章　情绪的脉络

菩提本无树，明镜亦非台，本来无一物，何处染尘埃。

——禅宗六祖惠能

情绪的展开过程

周家豪是一个守时的人。因为每天早晨上班，他都能卡着点，不早不晚，9点整打卡进公司，就像时钟在等他一样。可是今天早晨，时间过了好久他却没露面，因为他进派出所了。

卡点上班的人，在路上疾驰，心里都是万分焦急的，恨不得身上长了翅膀，往往容不得半点儿差错。可是在某个红绿灯路口，刚放行时，周家豪正要踩下油门，一辆车忽然加速，插到他的前面。他猛地一刹车，不由得怒从心头起，恶向胆边生，慌不择言，冲着那个路人甲骂了一句："你他妈的，你……"没想到路人甲是一个"生死看淡，不服就干"的愆懒人物，立即像吃了炸药一般勃然大怒，车一停，什么难听话都骂了出来，冲过来就抓住他的衣领。周家豪也不服输，逞起了匹夫之勇。瞬间两人就打作一团。

可怜一时冲动的"周提辖"，今天碰到一个素质低的"泼皮无赖"。到了警察局，他不禁跌足长叹，千不该万不该，不该祸从口出，没能退一步换得海阔天空。正是"是非只为多开口，烦恼皆因强出头"！

他有些后悔。但让他后悔的，并不是因为他觉得不该骂人，而是因为这样的结果是他不想要的。

让我们一块儿来分析一下他的情绪展开过程。

整个事件的导火索，是路人甲加塞。正是他的不文明行为，诱发了周家豪的怒气。对于周家豪来说，这就是一个**"诱发性事件"**。面对这个事件，周家豪不假思索，脱口而出："你他妈的，你……"这是他在骂人，骂人就是周家豪面对"诱发性事件"，产生的**"情绪化行为"**。

其实，面对同样的事件，不同的人是有不同的选择的：有的人会一笑而过，有的人会强忍怒火，有的人会骂骂咧咧。而周家豪选的是最后一项，一种非常容易激起对抗的行为。

是什么让周家豪选择这样的"情绪化行为"呢？

是他内心熊熊燃烧的怒火，这是他**"内心的情绪"**。情绪，是行为的驱动力。正是这样的情绪，驱动他，甚至是帮助他，选择了这样的"情绪化行为"。

那为什么他会有这个情绪？

就像我们一样，突然有人加塞，这样的话几乎立即就会脱口而出："这个白痴，你有病吧！素质这么低，占了我的位置！"周家豪也是这样想的。这就是面对路人甲的行为，他对路人甲的评价。这种评价往往都是贬低性的，而且完全是周家豪个人主观强加给对方的，不一定符合实情。因为人家不一定有病，可能是人家家人有病，现在正急着去医院，所以叫**"主观的评价"**。但是周家豪管不了这么多，在他看来，对方完全错了，自己是对的。正是因为这样的评价，让他感到生气。

生气后，他选择了咒骂。咒骂的原因是什么？

那是因为他有未被满足的需求，他想要通过咒骂，来满足这个需求。

这个需求是不言而喻的：他不希望别人占自己的位置，影响自己的行程，这就叫**"当下的需求"**。

其实对别人的行为不满时，周家豪是频频动怒的。并且这种怒气让他很难消受，常常会闷闷不乐很长一段时间。别人素质低，做得不好，是别人的事，但要不要生气，却是他自己的选择。面对别人的不良行为就动怒，这已经成为他的一种"习惯性情绪"，已经嵌入他的灵魂深处，这就叫**"心智的模式"**。

今天周家豪为自己的"情绪化行为"付出了代价——和对方上演"全武行"，还进了派出所。要减少这种代价，他应该学会去调整自己的心智模式。

情绪管理的正确路径

愤怒情绪到底是怎么回事？"不识庐山真面目，只缘身在此山中"，我们经常会认为我们之所以愤怒，是因为别人的不良行为。就像周家豪一样，在他眼里："正是这个白痴，让他生气的。"

是耶？非耶？

如果带着这样的认知，那么我们控制情绪的方法，只能是让别人改正行为了。

我们想想，周家豪为什么骂人？不就是希望路人甲能够认识到自己的错误并做出改变吗？

那路人甲为什么打他？还不是受到羞辱后，希望教育教育他，让他改变吗？

他俩的想法出奇地一致，心里眼里都是对方的错，都希望对方改正！

这就是问题所在！

那么，人什么时候会去改变自己的行为呢？

只有他发自内心地，认为自己的确做错了，应该改变时，他才会改变！否则，改变永远不会发生。而他俩都固执己见，针尖对麦芒，都不认为自己有错，错的是对方。那么周家豪是无法让路人甲改正行为的，路人甲也无法让周家豪改正行为。

所以，让别人改变行为，无异于饮鸩止渴，往往会和我们最初的目的背道而驰。

因此情绪管理，不是念念不忘，总是想着要别人怎么去改变，而是要从我们自身出发，通过自我剖析，来了解我们的情绪，来发现情绪的脉络，然后顺着这个脉络，找出控制情绪的方法。这才是合适的策略。

情绪的火山模型

为此，在下不揣浅陋，在学术上"情窦初开"，以管窥豹，斗胆将情绪分为六个层面："情绪化行为""诱发性事件""内心的情绪""主观的评价""当下的需求"和"心智的模式"，建立了情绪的"火山模型"，如图3-1所示。当这个模型呼之欲出之时，就像画出了情绪的剖面图，我对愤怒这个情绪的理解豁然开朗，原来从"情绪化行为"到"心智的模式"竟然如此层次分明，就像看着水中的鱼儿一样。

- 情绪化行为
- 诱发性事件
- 内心的情绪
- 主观的评价
- 当下的需求
- 心智的模式

图 3-1　火山模型

那种兴奋、喜悦、冲动之情让我有点冲昏头脑。日积月累，这种感受郁积于胸中，竟是不吐不快。于是我奋笔疾书，"火山模型"就此成型。

如图3-1所示，"**情绪化行为**"和"**诱发性事件**"都是表现在外的，是我们能看到、听到的，就像火山喷发一样。但**"内心的情绪""主观的评价""当下的需求"**和**"心智的模式"**都是发生在心理层面的，属于内在的，是看不到的。就像火山内部的活动，其实早已暗潮汹涌，我们却毫不知情。对于情绪管理，下面这部分并不是无关痛痒的，反而是更加重要的。就像要想火山不喷发，不能等到喷发了，把火山口堵住，更重要的是从原因层面着手，来了解它发生的原理，进而采取措施。

表面上看，是**"诱发性事件"**让人产生**"情绪化行为"**的。那在"诱发性事件"的背后，面对他人的行为，人为什么会产生"情绪化行为"呢？

驱动力来自**"内心的情绪"**。其实，"内心的情绪"是"情绪化行为"的"燃料"，情绪不一样，行为就不一样。而点燃"内心的情绪"这个燃料的火源则是"诱发性事件"。

人每天会遇到很多事，不是每件事都会让人产生情绪。当愤怒情绪产生时，我们往往对对方的评价是低的，认为他是错的，而我们是正确的，否则是无法产生"情绪化行为"的。这就是我们的**"主观的评价"**。

之所以会对对方评价低，产生愤怒情绪，进而产生"情绪化行为"，那是因为我们**"当下的需求"**未被满足。对于当下的情绪，都是可以追溯到当下阶段有未被满足的需求的。

其实，"情绪化行为"可以理解为一种策略，我们想要借助"情绪化行为"来满足自己内心未被满足的需求。

如果类似的情绪经常产生，这种情绪就已经变成了一种"习惯性情绪"、一种思维定势。只要类似的"诱发性事件"产生时，这样的情绪就会如影随形，来指导我们的行为，让我们整个人就像提线木偶一般，任由情绪主宰。其实它已经变成我们性格的一部分，这就是**"心智的模式"**。

就这样，经过苦苦求索，我将自己对愤怒情绪的理解整理成了一个层层深入的火山模型。虽然模型已搭建出来，但想要一吐为快，却需要自圆其说，让每一部分能够立得起、站得住，而不是空穴来风。没想到这个过程竟然是如此浩大的工程，让人"上穷碧落下黄泉"，真是呕心沥血、"皮开肉绽"。就像曹雪芹说的：

> 满纸荒唐言，
> 一把辛酸泪。
> 都云作者痴，
> 谁解其中味？

令人意外的是，愚者千虑，必有一得。在下踏破铁鞋，虽然也都是拿来主义，拾人牙慧，但竟然也能敷衍出一段文章，故不惮在此饶舌。当然，这个模型纯粹是以个人的拙见来解释情绪的发生脉络，以求就教于读者贤达。

不如我们再来分析一下路人甲，看看他是否也走过情绪的"火山模型"这个路径？

周家豪的一声"你他妈的，你……"，对他来说就是"诱发性事件"。而他的"情绪化行为"是骂骂咧咧、大打出手。让他去打人的，是他内心波涛汹涌的情绪。那情绪早已像脱缰的野马，让他出离愤怒，再也无法安稳地坐在车里。在路人甲看来，自己加塞虽然有些不合适，但是也没有错，别人更不能说自己不对。而且自己经常加塞，每次成功加塞后还沾沾自喜一番。你周家豪算个什么玩意儿？你凭什么骂我？他对周家豪的评价是低的：你个挨千刀的家伙，竟敢骂人？所以自己是对的，周家豪是错的，这就是他对周家豪的"主观的评价"。当时，他的内心也有需求，他感到自己被侮辱了，没有得到尊重。他想给周家豪点颜色看看，让他为自己骂人付出代价。其实，这个路人甲，面对别人的批评、指责经常愤怒不已，一旦愤怒就会动武。他不但打了周家豪，而且还打过孩子，打过爱人，打过朋友。这是他的"心智的模式"。

你看，每个人的情绪，都可以通过这个模型来解释。

起航动员令

案例中这两个人都喜欢归罪于外，都认为是对方的错。这也就是为什么他们需要通过打一架才能泄火。但是这一架真的让他们泄火了吗？真的解决问题了吗？

没有！

这往往会播种更大的仇恨。

而我们很多人，产生情绪后，任由"情绪化行为"恣意横行，最终的结果就是火星撞地球，伤人害己、玉石俱焚！

所以，阅读本书，需要带着这样的心态，我们不是要在看完后，跑去告诉别人说："我看过一本书，你一定要看看，这本书对你肯定会很有帮助的，真的！"你这样是改变不了他的，也帮助不到你。只有从改变自己的态度出发，本书才能对你有所帮助。

当然，如果你是因为喜欢本书，觉得好东西值得与人分享，这种情况是不算的。

如果愤怒情绪曾经把你吞噬，让你痛苦不堪；如果你也希望，通过了解自己的情绪，进而把它驯服，迎接一个光辉灿烂的新世界；如果你不惮啰嗦，那就让我们一块儿来顺着这个脉络，潇洒走一回，一起来条分缕析情绪到底是怎么回事！让我们在这个过程中，一次次地扪心自问，更加深入地了解自己，进而思考改变的策略。

让我们以现在的自己为蛹，蜕变出一个不再受愤怒情绪羁绊的人生。让情绪不再成为一种煎熬，实现"治情绪若烹小鲜"。从而对过去的自己，付之一笑。

说得轻巧！

这个过程可未必会是一帆风顺的，甚至会让人痛苦万分！因为管理情绪不是请客吃饭，你不能期待就像吃了老君的仙丹一样，毕其功于一役，有时甚至是欲速则不达。这是一个渐进的过程，就像抽刀断水一般，进三步退两步，过程中充满了迂回曲折。

你准备好了吗？来迎接那个脱胎换骨，破茧成蝶的过程。

本章小结

情绪管理的关键是要从我们自身出发，来发现情绪的脉络。然后顺着这个脉络，找出控制的方法。

每个人的愤怒情绪，都可以通过"火山模型"来解释。"火山模型"从上到下依次是：

情绪化行为

诱发性事件

内心的情绪

主观的评价

当下的需求

心智的模式

提升情绪管理能力，并不是一蹴而就的，而是一个渐进的过程。

第四章　情绪化行为

情绪的本质决定了所有情绪都会导致某种行动的冲动。

——丹尼尔·戈尔曼《情商》

愤怒这种情绪非常神秘，当我们快乐的时候，它蹑足潜踪、隐介藏形，就是挖地三尺，也不能发现它的蛛丝马迹。然而有时，可能仅仅是别人轻描淡写的一句话，或者别人不经意的一个行为，就会让我们像遭遇雷击一般，瞬间感到无所适从。在极端的情况下，我们整个人就会失去了控制，就把自由的意志，理性的思维，统统关进了牢笼。那种情况下，我们仿佛被魔鬼附体般，身不由己地，不顾一切地去施为，就像这首诗里写的一样：

斗鸡诗

[魏晋] 刘桢

丹鸡被华采，双距如锋芒。

愿一扬炎威，会战此中唐。

利爪探玉除，瞋目含火光。

长翘惊风起，劲翮正敷张。

轻举奋勾喙，电击复还翔。

你看，多传神！

盛怒之下，当人完全被情绪控制时，四肢是不是就像雄鸡的利爪，恨不得抓破对方的脸？双眼会不会炯炯有神，瞋目含光，射出的都是怒火？我们会不会一跃而起，和对方撕咬作一团？但我们自己，就像练就了金钟罩，铁布衫，是不是毫不在乎对方的反抗与啄咬？

最终双方是不是都咬得鲜血淋淋、两嘴是毛？

迷失在情绪的漩涡中，愤怒的我们真的可能会像斗鸡一样，把宽容踩在脚下，满脑子都是报复的念头。任由自身"情绪化行为"铺天盖地席卷而来，义无反顾地冲向前去，极尽诋毁与攻击之能事。

情绪化行为是什么

在情绪的支配下，我们都会产生什么样的行为呢？

通俗来讲，叫作"一哭二闹三上吊"。

你看那些孩子，当自己想要的东西得不到时，是不是会满地打滚儿，又哭又闹？成人又何尝不是？你看有些人他歇斯底里地，像王婆骂街般地撒起泼来；你看有些人他不管不顾地，撂出各种狠话；你看有些人他呼天抢地地，上演各种戏码儿。

其实，"情绪化行为"可以分为两种：语言暴力和行为暴力。对于大部分人来说，这两种暴力是有先后顺序的，语言暴力可以视为行为暴力的前戏。先用语言暴力来"撩"，这样一"撩"，对方就"痒"了，兴致就来了，就会照葫芦画瓢，也就"撩"起你来，用同样的语言暴力来"回敬"你。

弹指间两人就处于同一个频道。

这就让人发现，最终产生的效果竟然是适得其反的！语言暴力不但不能奏效，而且与我们最初的目的完全背道而驰。就是因为对方会有样学样。

此时，暴力就可能会迭代升级，进入行为暴力阶段。那么更惨烈的后果，就会带着神秘的微笑，在前方向我们招手。

语言暴力详解

粗鲁的好汉

还记着鲁提辖吗？案例详情见附录A：鲁提辖拳打镇关西。

在案例中，我们看到鲁提辖非常暴躁，他往往是一步到位，忽略前戏，直接进入行为暴力阶段。

当听到翠莲的哭声时，他"便把碟儿盏儿都丢在楼板上"。"酒保听得，慌忙上来看时，见鲁提辖气愤愤地"，发现原来是翠莲的哭声搅他与弟兄们吃酒了。这人，翻脸比翻书都快，翠莲在那边哭，他不问缘由，先把东西砸个稀巴烂。当时如果他先问一问是怎么回事，也不会砸碎这么多物品了。

当听到酒保解释，发现原来是有原因的，也不是故意"搅俺弟兄们吃酒"，他才放下怒火。

可是，了解了这件事情的原委，并没有让他长智慧，做到兼听则明。

当听完翠莲父女的悲惨遭遇后，他立即就信了，当场大发雷霆，非常武断地下定决心要打死郑屠。如果当时郑屠在场，我想鲁提辖也会不分青红皂白，上去打死再说。还好被人拦下来了，否则当时郑屠就一命呜呼了！

但拦下来依然没用！按道理，一夜的时间，大部分人都会冷静下来，思前想后，会怀疑翠莲如此疑点重重的描述是否真实？会担心自己是不是有点太冲动？最后会三思而后行，打消杀人的念头。

可是他没有，而是怀揣着对郑屠的憎恨，生了一夜闷气。第二天一早便去寻郑屠的不是，要为翠莲父女"报仇"。当到达郑屠的"连锁店"，见到郑屠时，首先是戏弄郑屠，让他拼命剁肉。剁完肉，不讲来由，也不容分辩，我鲁提辖说你是好人你就是好人，说你是坏人你就是坏人，直接三拳打死。

好一个可怜的郑屠，到了"行侠仗义"的鲁提辖面前，委曲求全，一忍再忍，但到死也没有得到机会解释，就命丧黄泉了。窦娥冤，他是比窦娥还冤。

难怪书上经常说鲁提辖"焦躁""粗卤"呢！

😊 当别人有错时

那么鲁提辖的语言暴力体现在哪里呢？

请看这段话：

"洒家要甚么？你也须认得洒家！却怎地教甚么人在间壁吱吱的哭，

搅俺弟兄们吃酒，酒家须不曾少了你酒钱!"

整段话，鲁提辖都是在指责和质问酒保，说他故意让人来哭，搅扰他吃酒。对于酒保来说，这简直是不白之冤。还好酒保善于察言观色，发现"鲁提辖气愤愤地"，及时克制了情绪，并调整行为，又是道歉，又是解释。

如果论沟通能力，酒保强，鲁提辖弱。

我们也不要嘲笑鲁提辖，人家在水浒一百单八将里，座次可是排在三十六天罡星里面的。他产生的行为，其实我们每个人都会产生。当我们认为别人有错时，虽然这种错误不一定是真的，只是我们自己主观上这样认为，我们可能都会产生同样的语言暴力——指责和质问。这时候的表达方式往往是这样的："都是你……""如果不是你……""你怎么……""你为什么……"。

那么鲁提辖为什么要这样说？他为什么要指责酒保？

我们很容易明白他的"良苦用心"，其实他是在告诉酒保：承认吧，你错了。

那么他告诉酒保，说对方错了的目的是什么呢？

他的目的也很单纯，就是希望对方能够认识到自己的错误，然后改变行为。

这就是当别人的行为不能满足我们的期待时，我们往往本能地希望通过指责，让他承认错误，改变行为。

但是这样说能够让我们达到目的吗？

能！

但是有前提条件，就是这个人怕你的时候。

比如鲁提辖，当他指责酒保时，这些话就奏效了。那是因为：首先，他是客人；其次，虽然他的职位不过是个低微的"经略府提辖"，但是"欲加之罪，何患无辞"，要想收拾这个小酒保，也是绰绰有余的；最后，鲁达"粗卤"是出了名的，得罪了鲁提辖，可是要吃不了兜着走的！

看到这样的凶神恶煞，那酒保还不是小鬼见了阎王一般，完全不会去反驳，只能打掉牙齿往肚子里吞，忍气吞声地尽量曲意逢迎。

可是如果对方不怕你呢？

此时，问题不但不会凭空消失，反而还会火上浇油。这就反而为我们达成目的额外添加了一层障碍。

比如，两个小孩打架，你上去拉开了，问为什么。很可能得到的回答是："他先打我的。"另一个说："是他先来抢我东西的。"作为旁观者，虽然你可能很容易就分辨出两个孩子究竟谁对谁错。但他们都不认为自己错了，心里想的完全都是对方的错。

此时如果你批评那个犯错的孩子，可能换来的只有他的哭闹和不满。他会认为你处事不公！

就像那两个打闹的孩子，你说我错了，我说你才错了呢。人都是这样，在受到指责时，往往不会觉得自己错了，更不觉得自己应该改变。而是觉得：你才是那个错的人，你才是那个应该改变的人。这样的想法就会让他立即脱口而出，进行反击："你才错了呢……""你以为你自己做得很好啊……""那怎么了……"。

本来以为，我们指责他时，他应该听进去我们的话，让我们达到目的——让他幡然悔悟，改过自新。可是对方的行为却是我们最不想看到的——反驳和狡辩。他竟然希望我们能够幡然悔悟，改过自新！

就像在公司里面，指责，有时竟然变成了互泼脏水的游戏。出问题了，大家都不觉得错误在自己这边。反正又不是一个部门的，没有上下级关系，没必要怕他们，所以就"撸起袖子"，相互指责。每个人都全力以赴地为自己开脱，把脏水泼到别人身上。被泼脏水的一方，再到处寻找各种证据，把更多的脏水，连带着怒气泼回去！

最后只会造成相互的憎恨与关系的破裂。

语言暴力升级

我们再来看一个案例：

某日晚上，火星市的冯宝全和家人前往某饭店就餐。在用餐过程中，冯宝全在菜内发现一条创可贴，顿时火冒三丈，要求服务员解释。

前来处理的服务员袁某要求冯宝全好好说话，双方因此发生口角。

眼看争来吵去，事情却得不到解决，冯宝全问道："你们就是不管这个事，是吗？"袁某回应说："谁让你带着情绪跟我说话？"冯宝全遂要求袁某叫经理过来。袁某却表示无所谓，转身离开。"等到黄花菜都凉了"，经理也未出现。冯宝全更气不过，便发了条微博，并@该饭店官方账号，指出该饭店卫生条件差，且服务态度恶劣。

在他发了微博片刻后，袁某就走过来质问他是否发微博一事，并要求他到外面解决，被冯宝全拒绝后袁某转身离开。不久，袁某拎起一个盛满开水的茶壶，从冯宝全头上浇下去。随即推倒冯宝全，并用脚踹。

这两个人，就是典型的谁都不怕谁！你敢说我不好？我就说你更不好！就像两只尖嘴利喙的斗鸡一般，急红了眼，腾上跃下相互啄咬。而且是越斗越勇，完全不顾自己已遍体鳞伤，只顾相互伤害。

表面上是他们的"情绪化行为"在不断升级，而背后的驱动力却是他们"内心的情绪"在随着事件的演变，不断地"水涨船高"。最终从语言暴力迭代为行为暴力，直至两败俱伤！

这就是当对方不怕你的时候，面对指责，他很可能会采取针锋相对的策略。我们的指责和质问失效了，此时语言暴力就可能会升级。

升级后，就变成了威胁。比如"冯宝全遂要求袁某叫经理过来"，意思是：你不配合我，我会让你的领导处理你的，你自己想想看？

我们平时也一样，就像有人对屡教不改的孩子说："你如果不怎么怎么样，我就怎么怎么样""等你爸回来，你就倒霉了"。这就是典型的威胁。既然好说歹说不管用，我们就想让他明白，如果不配合，他会受到惩罚。

威胁的同时，我们会拒绝倾听，往往不希望对方说话。采取的措施就是打断对方，或者告诉对方说"你给我闭嘴"。因为我们内心中，完全被对方的错误和自己的愤怒填满了，已容不下任何的解释和理由。

这是人在情绪得不到共鸣时的一种必然选择。

其实，相互威胁中的任何一个人，如果愿意打开心扉去主动倾听，为对方的情绪打开接纳的出口，就会惊奇地发现，对方的倾听能力也得到了提升。

但迷失于情绪中的人，是来不及顾及这些的。

如果发现威胁还不奏效，对方还是死不悔改的话，这时候有的人就开始口不择言、相互叫骂、恶语相向、侮辱对方，甚至问候起对方的家人了。

常见的语言暴力形式

在指责与威胁的过程中，我们往往能观察到以下语言暴力形式。

绝对化。例如，员工明明只是迟到了，但是被指责为："你这个人，眼里从来没有一点规矩。"有时候，只是一个人的行为，却被上升到某个群体身上，如："你们××地方的人，就是……"面对孩子的错误，有人会说："你爱怎么样就怎么样吧，我以后再也不管你了。""我造了什么孽，当年怎么就生了你？"这是一种决绝的方式，在看法上容易以偏概全，在态度上容易表现得水火不容，话语中往往充斥着大量的"肯定""必须""绝对""唯一"等字眼。

道德绑架。例如，有人说"你也要学会考虑别人的感受""你还上了那么多年学呢""××，你不捐钱就要身败名裂"，甚至有人动不动就打起"爱国"的旗号。有时候，为了批评别人，让对方为造成的错误承担责任，为了对我们的暴力进行合理化，我们往往会给自己披上一层冠冕堂皇的外衣。但这个外衣并不能让我们看上去正确而"光辉"，在对方眼里，我们才是邪恶的。

自我标榜。有时为了为自己的行为寻找借口，我们不再把自己当作一个普通人，而是会毫无愧色地进行自我吹嘘和夸耀，以此来堵住对方的嘴。比如有人会说："我在这里干了这么多年，我什么不知道？""我骂你，那是为了你好。"

贴标签。这种方法又叫"扣帽子"，是试图把对方说成某一类人，以此来摧毁对方，比如"没有责任心""大嘴巴""素质低""虚伪"等。有人对自己的领导说："反正你是领导，你说什么就是什么。"这句话背后，悄悄地给领导贴了个标签。甚至，可能是习惯问题，有人会给别人贴上侮辱性的标签："贱人""垃圾""畜生""二货""白痴""脑残""龟儿子""臭××""狗××"……

比较。典型的话语是："你看×××，你看看你？"比如，有人对自己的爱人说："人家×××的老公……，你怎么就这样？"俗话说，没有对比就没有伤害，这样的话是很伤人的。她的老公也不甘示弱，立即反击起来："人家老公好，你去嫁他啊，找我干吗？再说了，人家老婆×××还……，你呢？"这样一说，就变成了相互伤害。

好汉的语言暴力

你是否能识别出鲁提辖使用了哪些语言暴力形式呢？

"洒家要甚么？你也须认得洒家！却恁地教甚么人在间壁吱吱的哭，搅俺弟兄们吃酒，洒家须不曾少了你酒钱!"

"呸!俺只道那个郑大官人，却原来是杀猪的郑屠！这个腌臜泼才，投托着俺小种经略相公门下做个肉铺户，却原来这等欺负人！"

请问从这两句话中，你能发现哪些语言暴力的线索？

"你也须认得洒家！"这句话体现了哪种语言暴力？

这是威胁。意思是说，让我不开心，你不会有好果子吃的，我可是传说中的鲁提辖！典型的"秀肌肉"做法！

"却恁地教甚么人在间壁吱吱的哭，搅俺弟兄们吃酒。"这句话体现了哪种语言暴力？

这是指责。是说酒保故意安排人来搅扰他吃酒的。

"洒家须不曾少了你酒钱！"这句话体现了哪种语言暴力？

这是自我标榜。意思是我对你这么好，你却这样来伤我的心？

"却原来是杀猪的郑屠！这个腌臜泼才。"这句话体现了哪种语言暴力？

这是贴标签。说对方是腌臜泼才，才能体现我鲁提辖是正义的化身，同时把自己的行为暴力合理化！

😠 无意识的语言暴力

在生活中，有太多的人，他们可能不知道如何表达。本来是一件简单的事情，说出来却变成了指责。于是就把对方变成了谴责的对象，话语中充满了严厉的批评和刻薄的数落。此时语言变成了利刃，成了对人不对事的人身攻击。

而另一方却又缺乏应对能力，听到的只有责怪，看到的完全是挑衅。就像阮玲玉说的——人言可畏！语言暴力就像搅拌器，搅碎了听者的心，让他充满了厌恶、愤怒和不解。甚至感觉自己不得不反唇相讥，只想用反抗来捍卫自己。

这种破坏性的行为，让本来简单的事情走向复杂。只能一次次地让两人以骂战告终，为关系的破裂埋下伏笔。

可是，他们却不认为这是一种暴力。他们以为，只有拳脚相加，"在肉体上消灭对方"才算暴力。更何况，他们觉得，我这样说话，完全是好心，哪有什么危害？殊不知，这样的语言，就像钢丝球般揉搓着别人的心，伤人害己。这样的表达把相互尊重、体贴谅解、悲悯之心、彼此关爱……都扔到了垃圾桶，换来的只有厌恶、憎恨、怀疑、敌对……

如果没有这样的认知，即使你去学习再多的沟通技巧，都只能是昙花一现，甚至徒劳无功。

行为暴力详解

语言暴力失效时

我们知道，指责和威胁并不能让我们如愿达到目标。语言暴力很容易失效。

面对这样的失效，有时我们会觉得非常不解：我们动之以情、晓之以理，用尽了指责、威胁、贴标签、道德绑架等各种方法，对方竟然没有如我们期待的那样——接受我们的观点，改变想法，最后改变行为。弄巧成拙的是，他们竟然不认可我们的说法，而是觉得错的是我们，应该改变的是我们，反而希望我们——接受他们的观点，改变想法，最后改变行为。

因为在对方的眼里，我们在攻击他。面对攻击，他又哪能冷静地面对，更别提理性思考了。于是，他们决定跟我们对着干，绞尽脑汁，一门心思地来回击我们："你说我脑残，你才脑残呢！你说我傻，我看你全家都傻！你说我不讲道理，你这样就讲道理了吗？"

我们的策略失效了！

他们的回击，就会强化我们的欲望，会让我们更加坚定地、义无反顾地希望采取强制的办法。

忍无可忍则无须再忍，行为暴力早已摩拳擦掌、箭在弦上了。

在火星市的"创可贴饭店"里，我们看到：

冯宝全更是气不过，便发了条微博，并@饭店官方账号，指出该饭店卫生条件差，且服务态度恶劣。

在采取这个措施之前，"苦口婆心"的冯宝全，指责他、威胁他、贴标签、道德绑架、自我标榜、进行对比，用尽了各种办法。但袁某不但没有浪子回头，而且还指责他、威胁他、给他贴标签、对他进行道德绑架、对他进行对比，还不忘自我标榜。这不就是《天龙八部》里慕容家的"家传绝学"——斗转星移吗？以彼之道，还施彼身！目的不但没达到，反而得到的是立竿见影的反效果。

他应该怎么办？面对袁某的指责、威胁、贴标签、道德绑架、进行对比和自我标榜，他其实是有不同的选项的：

一、下个"罪己诏"来反躬自省。就像《论语》中说的："朕躬有罪，无以万方，万方有罪，罪在朕躬。"

二、以暴制暴来让仇恨升级。就像曹操说的："宁可我负天下人，不可天下人负我"，诉诸行为暴力。

对他来说，现在真的是无处伸冤，袁某不理他，经理也不出面。如此大的冤情，内心熊熊的烈火又怎么能"刹得住车"？他唯一的选择就是以恶为师，通过行为暴力来让仇恨升级。

😊 行为暴力的特点

那么，请问：冯宝全想通过发微博达到什么样的目的呢？为什么"发微博"就是行为暴力呢？

我们知道，微博是一个社会媒体。冯宝全这样一公布，大家都会知道该饭店"卫生条件差，服务态度恶劣"。这样就会形成舆论压力，让大家再也不敢到这个饭店吃饭了。碰到情绪容易激动的人，甚至会发起抵制行为。

同时，如果股东看到这条微博，发现造成这么恶劣的影响，就会不分青红皂白，不论店员是否真的对待客户"服务态度恶劣"，一定会责怪这个店员，包括店长。如果严重的话，这个店员甚至店长，直接就被开除了。

所以他心里知道，如果股东看到了，如果社会大众看到了，这个店员，这个店，就会受到惩罚。大坏蛋袁某就会为自己的行为付出代价。

这就是行为暴力！

在行为暴力阶段，我们对对方已经绝望了。此时，我们诉诸的是对对方的惩罚，想要给对方点儿苦头吃吃，教训教训他，让他长记性，让他"悔到肠子发青"。

所以，我们不要以为袁某给冯宝全头上浇开水才是行为暴力，行为暴力的核心是惩罚，并不一定要大打出手、拳脚相加。因此，不论是冯宝全，还是袁某，他们都在用不同的行为暴力来互相"斗法"。他俩的行为，具有异曲同工之妙。

但是暴力，就像紧箍咒一样。每一次施展，都是念了一次咒语，让那以眼还眼、以牙还牙的紧箍勒得更紧一些。他们任何一人的惩罚式的行为，都只会强化另一方的敌意，让对方采取更加变本加厉的反制措施。

袁某为什么往冯宝全头上浇开水？不就是因为你冯宝全"死不悔改"？"你还敢发微博？你不知道自己错了吗？"同时，他的行为也在激发着冯宝全，在冯宝全眼里，袁某才是真正邪恶的人。

此时，他俩都变成了杀气腾腾的魔头，试图用更大的伤害来回报伤害。这已经不仅仅是行为的邪恶，也包括内心的邪恶。他们都像吃了熊心豹子胆，不会再顾忌任何后果，只想要伤害对方，给对方点儿颜色看看，让他为自己的错误行为付出代价。

在这个关头，甚至有人具有毁灭倾向。哪怕是上刀山、下油锅，一门心思地就希望鱼死网破、两败俱伤。

当袁某往冯宝全头上浇开水的时候，在他心里，哪管什么道德法律，哪管什么牢狱之灾，唯一的想法就是先让眼前这个"恶人"接受惩罚，才能让"正义回归"，一吐胸中恶气。

冤冤相报何时了？

可是，如果这个过程中，其中任何一个人屈服了，也许就不会产生这么严重的后果了。但就怕两人都具有"奥运精神"——不服输！你打了我，我一定要打回去。两人就像进行一个暴力的军备竞赛，谁都跳不出这个死循环，只能相互加强，不断自证。

这时候，结局往往是最悲惨的。

如果任由"情绪化行为"去主导我们的人际关系，那么这个社会是不是会变成丛林法则？还好有法律，否则，可能处处是梁山。

行为暴力的变体

我们再来看这句话：

冯宝全遂要求袁某叫经理过来，袁某却表示无所谓，转身离开。

袁某表示无所谓，转身离开。请问这样的行为算不算行为暴力呢？

这也是一种行为暴力，叫作冷暴力，同样是诉诸对对方的惩罚。

比如你在家里，面对另一半，有没有不理他，想要把对方"打入冷宫"？有没有摆出一副扑克脸？有时又控制不住，忍不住要挖苦、讽刺一下，甚至会翻白眼儿。想要通过这种指桑骂槐、含沙射影的手段来表达不满。

比如有人面对父母的指责时，面对上级批评时，会选择沉默。这是否也是冷暴力呢？那要看他的内心，如果他的内心是因为想要理解对方的感受，想要了解对方的需求，那么他的情绪管理能力是不错的。怕就怕，他采取的是回避的策略，只想通过拒绝沟通来逃避问题。此时，他会在内心拼命压抑自己的情绪，甚至假装没有情绪，来避免自己受到伤害。这就是冷暴力了。

不同的人，采用冷暴力时表现方式是有差异的。

　　第一种，也是最残忍的方式，就是对对方表示蔑视，直接切断沟通的通路。据说在监狱里，对犯人最残酷的惩罚竟然是"关禁闭"，其实方法不过就是切断沟通的通路。孩子很小的时候就学会了这样的处罚方法。比如有一个小孩犯了错，就会有小孩说："不要和他说话。"这个小孩就被孤立起来了，大家不会对他的所作所为进行任何回应。这个孩子可能刚开始还觉得无所谓，但是没过多久，他就会陷入沮丧的状态中，甚至会出现敌意。

　　第二种，有的人会和对方保持沟通，但是是一种选择性的沟通方式。他在沟通的过程中，会主动选择那些容易被对方认可的观点。

　　最后一种，有的人会选择回避问题、跳过冲突的问题，只谈无关痛痒的话题，维持表面上虚伪的融洽和谐。

　　天津有一家公司，上下游合作部门之间，在食堂见面都能够点头微笑，甚至开个玩笑，说些甜言蜜语，表面一片祥和融洽。而实际上，他们公司从来都不开会。

　　什么原因呢？

　　他们不是一直不开会，很久以前是开会的。

　　其实他们公司的技术水平是比较薄弱的，一直困扰于技术上、生产上、质量上的各种问题。但每次问题出现、需要开会谋求解决的时候，就会出现质量部门认为是生产部门的问题，生产部门认为是技术部门的问题，技术部门是认为采购部门的问题，陷入没完没了的扯皮。而且开完会后，相关部门之间都充满了敌意。

　　最后干脆，大家各自为政，井水不犯河水。遇到事情，不要去麻烦别人，自己能解决就解决，解决不了，就任由问题自己消失。或者大领导看不下去，自己推动。谁都不愿再挺身而出。因为大家都知道，不沟通还好，一沟通，问题不但解决不了，而且还会雪上加霜。

这样一味地回避，只会让问题无限期地拖延下去。假以时日，就让公司退化成一家缺乏创新、没有任何灵活性的百足之虫。

这其实是情绪管理无能的表现。

这样的行为是有罪的，汉武帝专门为其设计了一个罪名——腹诽。嘴里不说，在心里骂！

个体间的差异

不同的人，成长环境差异较大，就会产生五花八门的"情绪化行为"。有的人无论如何怒火中烧，但其行为仅仅停留在语言暴力阶段，有的人则更倾向于直接采取冷暴力的方式，而有的人却会一下跳跃到行为暴力。

比如周家豪，面对别人加塞，没有指责，直接上来就侮辱对方。甚至也有人会一步走到行为暴力，比如周家豪碰到加塞的路人甲，你敢侮辱我，我就打"死"你。比如鲁智深，也是直接进入行为暴力的。

及时干预方能"立地成佛"

情绪化行为是警报器

那在产生"情绪化行为"时,有没有方法可以帮助我们管理情绪?

有!

有时候,我们产生了情绪,自己是没发现的。比如本来去找其他部门同事谈某件事情,结果目的不但没达成,讨论竟然演变成一场口水战,两人吵了一架。但是当时陷在情绪的漩涡里面,不知不觉情绪早已升级,两人却被蒙在鼓里。等到事后,才恍然大悟:我刚刚脾气太大了!但是为时已晚,大错已经铸成。就像重庆开车撞死丈夫的女士,被带到派出所,她才喃喃自语:"如果,当初没那么冲动就好了。"

所以,"情绪化行为"就是我们识别情绪的信号。它在告诉我们,我们闹情绪了,或者对方闹情绪了。

在失去理智的情况下,这些身体上的信号,就像警报器一样,提醒我们"前方危险,请减速慢行"。如果我们能够主动进行自我监控,去识别自己和对方身体上的情绪警告信号,就不会对语言暴力和行为暴力视而不见，就会让我们在电光火石的瞬间，发现自己正在被情绪支配，发现自己陷入情绪漩涡中。

这就是我们介入的关键时机。及时干预，就容易跳出这个死循环，才能把一切拉回正轨。避免我们说出的一些话，做出的一些事，覆水难收，可能将来后悔都来不及。到那时，那种感觉真是"身后有余忘缩手，眼前无路想回头"。

比如，当你发现自己正在指责和质问别人，说"都是你……""如果不是你……""你怎么……"意思是错全在对方时；当你发现正在威胁对方，说"你如果不……，我就……"时；当你发现你正在拒绝倾听，不断地打断对方，而且要求"你给我闭嘴，听我说"时；当你发现双方已经恶语相向，相互羞辱时。不但如此，你还发现自己正在进行道德绑架和自我标榜，比如你把自己描述成圣人时；发现自己正在给对方贴标签，说对方是某一类人时；拿对方和别人进行比较时。

及时发现，我们就能从梦中惊醒：现在情况太危险了，我已经被情绪控制了，这样下去，后果可能会非常糟糕。我现在要不就先暂停和对方对话？等平静下来，再解决问题也不迟。除非我们可以做到不再继续相互指责。这样理智才能及时回归。

如果发现更严重的情况发生时：当发现我们耍起了冷暴力、拒绝沟通，或者开始采取惩罚措施的时候，想要故意伤害对方的时候，那更是当头棒喝之时。此时，要立即告诉自己：放下屠刀，立地成佛！

每个毛孔都在释放信号

作为警报，语言暴力和行为暴力仅仅是我们发现情绪的一种方式。有太多的地方，可以让我们随时发现情绪。你我都有这样的经验，当情绪来袭，我们的声调里会透露出不安，肢体上会显示出怒气，表情上不再自然……

传播学研究发现，人90%的情绪信息是非语言信号。当人有情绪时，身体的每一个毛孔都在释放信号。就像父母教导我们说的，要学会看眼色。能够看出别人的眼色，就是很重要的情绪管理能力的体现。

比如鲁提辖案例：

酒保听得，慌忙上来看时，见鲁提辖气愤愤地。

这就是从酒保眼里看到鲁提辖的表情——气愤愤地。人在产生情绪时，表情就是我们解读对方情绪线索的指示器之一，从表情上很容易读出他人内心的感受。酒保正是通过这样的观察，及时调整了自己的行为，从而避免了与鲁提辖的纷争。

其实这是一种自我监控的行为。具备高度自我监控的人，他们随时能够抽身而出，把自己置身于旁观者的位置，居高临下地审视自己和他人的行为及伴随的反应，并判断自己的言行是否恰当，及时调整行为方式，以求达到想要的效果。

你是否进行过自我监控呢？

很惭愧，其实我也是个易怒的人。书中所写的语言暴力和行为暴力，在我身上也曾经出现过。我也曾对人大声咆哮，而且不止一次。不然我也不会如此深入地挖掘情绪。感谢我的恩师杨文彪先生，他安慰我说："能写出《犯罪心理学》的人，一定是罪犯。"

所以书中所写的点点滴滴，有很多地方是从我自己身上研究得来的。落笔之时，发现它们竟如此熟悉，就像和我相处了多年的老朋友一样。

可以说，书中的很多话，说的都是我掏心掏肺的心里话。亲爱的读者，我可是把最真实的自己完全暴露给你了。

然而，每次动怒之后，我都后悔不迭，我不喜欢一个动不动就怒不可遏的自己。为了管理情绪，我也曾经历过无比痛苦的煎熬与折磨。

比如，通过观察发现，当我感觉愤怒时，可不仅仅是指责对方。当时内心的感觉是非常愤慨的，有时甚至会指着对方，同时会拒绝倾听，让对方闭嘴，而且会嗓门变大，会感到双臂变得非常有力，甚至会颤抖。

当我发现我又表现出来这些行为时，就能及时跳出情绪的桎梏。

请试着回忆一下，在闹情绪时，你在自己身上都曾观察到哪些信号呢？

总的来说，虽然每个人有情绪时表现程度会有深浅差异，但当被情绪支配时，我们总会在表情、身体、语言、感受和行为上发现蛛丝马迹。

表情变化： 表情严肃、面色改变、瞪大眼睛、目光有力、双眉紧蹙、青筋暴起、翻白眼儿。

身体感觉： 双眼发干、呼吸加重、双臂有力、胃部不适、心跳加速、打嗝、颤抖。

表达方式：使用绝对化字眼、贴标签、道德绑架、自我标榜、拒绝倾听、打断对方、讽刺。

情绪感受：受伤、愤慨、害怕、紧张、愤怒、激动、委屈、失落、不解、担心。

行为方式：指着对方、双手叉腰、身体前倾、拒绝沟通、冷暴力、嗓门变大、哭泣。

主动观察自己和他人

由于长期形成的习惯，语言暴力和行为暴力会在我们与人相处时，变成一种条件反射式的反应。如果我们能够利用这些警示灯来随时识别自身处于情绪中，那么我们就能够避免无休止的指责与争论，从满是地雷的情绪中及时抽身而出，让理性"还魂"。进而采取必要的措施，防止事态扩大。

当然这些不是每一个都能够被观察到。

观察自己时，表情变化是看不到的。核心是关注身体感觉、表达方式、情绪感受和行为方式。

同时，也要学会观察别人。

一方面，因为情绪具有传染性。你是否听说过踢猫效应：一个父亲，在公司里被上级批评了，心情非常不好，但又无处发泄。他就把这种情绪带回了家，爱人一脸热情地迎上来，换来的却是指责："你怎么现在还没做好饭？你想把我饿死啊？"他把情绪发泄给了爱人。他爱人一肚子委屈，却又敢怒不敢言，正好看到孩子把玩具弄了满地，怒火中烧："你怎么把家里又给我弄得这么乱，你就不能安静一会儿？你想累死我啊？"她又成功把怒气转移给了孩子。孩子更做不到忍气吞声，看到猫从身边经过，一脚踢在猫身上。

一个人生气后，他会迁怒于人，后面受伤害的人都是很无辜的。

踢猫效应告诉我们，情绪就像病毒，它可以在无声无息间传染给别人。当然好的情绪也是可以传染的，就怕我们面对的是一个怒火中烧的人，一不小心就上了贼船。刹那间，两人就处于同一情绪状态。

等发现时，早已泥足深陷、积重难返了。

另一方面，与人相处，你无法控制别人不产生情绪。只有有效解读对方的情绪信号，才能让我们及时发现对方的情绪，并有效调整策略，进而化险为夷。

观察别人时，虽然我们不知道对方内心的情绪感受，但他情绪的信号几乎是同时和他的情绪一块儿产生的。我们就可以通过解读他的表情变化、表达方式、行为方式，以及部分的身体感觉来发现情绪的线索。

虽然说有的人自控力很强，可能会试图要隐藏自己的情绪。的确在表情上，他很容易把没有经验的人蒙骗，但并不是所有的人都会上当。他的眉毛，他发出的声音，往往很难隐藏，很容易就会把他出卖。比如，当人悲伤时，眉头会紧蹙上扬，双眉变成"八"字状；而人在愤怒时，却会压低并聚拢眉毛。

情境案例应用

案例：好心没有好报

其实，理性看待，我们都明白，以暴易暴并不一定能让我们如愿以偿。在生活中、工作中，我们要尽量避免语言暴力和行为暴力。但真的情绪袭来时，却又如此难以驾驭。

不如一块儿看个案例：

有一天，员工孙善珍找到李部庆希望能多一些加班机会，但李部庆觉得满足她的要求是对其他员工的不公平，因此拒绝了孙善珍的请求。于是，孙善珍不得不将自己母亲得重病必须补充营养的事情告诉了他。

第二天，李部庆将孙善珍的事情在早会上告诉了同事，并号召同事们帮助她渡过难关。同事们被孙善珍的孝心感动，有人主动让出加班机会给孙善珍，最后孙善珍得到了四次加班的机会。但她的心情并不好。

本来是一件好事，谁想到，事后两人的关系反而变得糟糕了。

那天，李部庆来到孙善珍身边。

李部庆："小孙，你妈妈的情况怎么样了？"李部庆从心里是关心孙善珍的。

孙善珍："不关你事。"同时还翻了个白眼儿。她一副冷漠的态度，而且带有攻击性。

如此突然袭击，李部庆彻底被激怒了，气得下巴都要掉下来。他已无心去了解事实，而是回归到了原始本能——指责对方："我好心被你当成驴肝肺，我帮了你，你却这么对我？"李部庆真的是不理解。

孙善珍："哼，你帮我？你就是显摆你自己，显摆自己是个好领导。你不就是想要羞辱我吗？你给不给加班机会我都不在乎。"

李部庆一片热心，却被一盆凉水从头浇下来。没想到，自己的好心在对方的眼里是显摆，是羞辱。他咬了咬牙，仍然采取了克制的态度，说："我怎么就羞辱你了？你让我帮你，我就帮你了，而且我都给你争取加班机会了。这样做怎么就不对了？"语气中充满了委屈与失望。

听了李部庆的话，孙善珍不但没有消气，反而语气坚决地质问他："哼哼，你没羞辱，那你怎么把我妈妈生病的事情告诉别人？你问过我吗？谁知道你存什么心？我跟你说，你不要自以为是！"

李部庆一听，心里一顿，有点理屈词穷。他不由得换了个腔调，语带挖苦地说："呵呵，你玻璃心啊？帮你还有错了？我不告诉大家，就让大家把加班机会让给你，人家愿意吗？再说你觉得这样公平吗？你自己想想看！"

看到李部庆到现在不但不承认自己的错误，反而振振有词，孙善珍更加生气了。本来自己的隐私被李部庆随便说，就已经很委屈了，现在对方却说自己是玻璃心。这种打击，让人如何能承受得了？她用手指向李部庆，双眼中怒火已如一道道闪电："你说谁玻璃心呢？像你这种自以为是的人……"

"好好好，我自以为是，我现在就可以告诉大家你不需要加班机会，省得你说我们羞辱你。"李部庆指着孙善珍，打断了她，他觉得自己真的是好心没有得到好报：不帮她，她真的有需要！帮了，结果变成了羞辱！做人怎么这么难？

"哇"的一声，孙善珍哭了出来，大喊大叫起来："好啊，你去跟大家说吧，大不了我不干了。碰到你这样的人，我也只能不干了呗。我还没见过你这样的领导呢！"

两人唇枪舌剑，用的全部都是语言暴力。孙善珍认为李部庆故意伤害自己，而李部庆却坚决否认，完全进入了恶性循环，阻碍了彼此的坦诚交流。

这样的沟通会让人感觉度日如年，非常难挨。

事后，两人的内心中，仍然充满了委屈、愤懑、不安与焦虑。两人的选择是你走你的阳关道，我过我的独木桥，尽量井水不犯河水。即使碰到事情，需要打交道，他们都刻意回避这个问题，李部庆不再关心孙善珍的妈妈病情怎么样，孙善珍也不再关心是否能多加班。即使不回避，他们也很难逃出这个难解的循环圈。它就像一个死结一样，越拉越紧，让两人陷在里面，无法自拔。

（本案例后文会继续分析，详情可参考附录B：好心没有好报。）

😊 情绪化行为分析

你能找出这个案例中孙善珍和李部庆的"情绪化行为"吗？

孙善珍： "不关你事。" 同时还翻了个白眼儿。

请问这句话体现了哪种"情绪化行为"？

孙善珍想采用的是冷暴力的方法，她想要拒绝沟通。

其实，在这次沟通之前，她在心里早做了很久的斗争。最终还是选择了隐忍，她甚至会假装自己没有情绪。可能她认为这是目前最合理的策略。但是，情绪并不会因为压抑而消失。当面对李部庆的询问时，由于情绪在从中作梗，就像一道迈不过的槛，她立即就方寸大乱。一句杀气腾腾的"不关你事"，就把她"内心的情绪"暴露了。尤其是翻白眼儿的动作，这和讽刺挖苦是同等功效，都在透露她的不满。这种敌意让李部庆莫名其妙，同时也很容易激起他的对抗行为。

李部庆： "我好心被你当成驴肝肺，我帮了你，你却这么对我？"

请问这句话体现了哪种"情绪化行为"？

这是在自我标榜的同时指责对方。意思是：我对你这么好，完全是一片菩萨心肠，你竟然用这样的态度对我，你是错的，完全错了。夸大自己的无辜与善良，为自己犯的错误寻找到一个很好的借口，同时把错误都归结到对方身上。

面对孙善珍出其不意的突袭，李部庆立即惊慌失措。显然，他缺乏面对情绪化的人的有效处理策略。此时他并不清楚孙善珍攻击的背后原因，但他没有试图去了解事情的来龙去脉，而是贸然地选择回击！

孙善珍： "哼，你帮我？你就是显摆你自己，显摆自己是个好领导。你不就是想要羞辱我吗？你给不给加班机会我都不在乎。"

请问这句话体现了哪种"情绪化行为"？

"**你就是显摆你自己，显摆自己是个好领导。**"这是在给对方贴标签。把李部庆说成"爱显摆"的人，就强化了李部庆的邪恶与不公，同时凸显了她的无辜与正义。

"**你不就是想要羞辱我吗？**"这是在指责对方。尤其是在说，我知道你的动机，你心怀不轨，你当时就是这么想的。她变成了李部庆肚子里的蛔虫，都知道李部庆是怎么想的！

"**你给不给加班机会我都不在乎**。"这是绝对化的方式，想要通过决绝的方式来恩断义绝。她只顾盲目地放大李部庆的错误，却不再感念人家帮忙的恩情。这同时也是在进行自我标榜，好像加班是李部庆强塞给她的一样。

孙善珍："**谁知道你存什么心？我跟你说，你不要自以为是！**"

请问这句话体现了哪种"情绪化行为"？

"**谁知道你存什么心？**"这是在指责对方。而且在说，你存心不良，我早知道了。这样绝对化，不释放任何解释的出口，就把天聊死了。对方是百口莫辩，而且说什么她都不会相信，因为此时她会坚信对方完全是出于恶意的。

"**你不要自以为是！**"又是在贴标签，说人家是一个自以为是的人，让自己站在正义的制高点上，来指责对方。

李部庆："**呵呵，你玻璃心啊？**"

请问这句话体现了哪种"情绪化行为"？

这又是在贴标签。把孙善珍说成一个"玻璃心"的人，这样我李部庆的做法就无可厚非了。你感觉受伤，那是你"玻璃心"的原因，要是我李部庆，我就不会的。一方面，让人感觉对方罪有应得，另一方面，为自己进行了开脱。

李部庆："我现在就可以告诉大家你不需要加班机会，省得你说我们羞辱你。"他打断了孙善珍。

请问这句话体现了哪种"情绪化行为"？

"我现在就可以告诉大家你不需要加班机会。" 这是威胁，想要通过威胁，让孙善珍屈服。当然，如果李部庆真的实施了，那就变成行为暴力了——惩罚。好在他事后还是克制的。

"省得你说我们羞辱你。" 这是一种"拉赞助"的手段，通过绝对化的方式来以偏概全。我们也经常看到，有人为了强调自己是正义的，往往会这样说："不是我一个人说你不好，大家都说你不好。""不是我一个人说公司不好，大家都说公司不好。"这种以偏概全的方法，伤害其实更大。

我们的想法，只能代表我们自己，而不能代替他人表达想法！

打断孙善珍。这是拒绝倾听，也是语言暴力。这时候他已经没有任何耐心再听下去了，虽然他没说"你给我闭嘴"，但效果是一样的。

孙善珍："好啊，你去跟大家说吧，大不了我不干了。碰到你这样的人，我也只能不干了呗。我还没见过你这样的领导呢！"

请问这句话体现了哪种"情绪化行为"？

"大不了我不干了。"这是威胁。意思是，你敢跟大家说，我就不干，你试试看！她已抱定牺牲一切的决心，情绪让人走向极端。

"碰到你这样的人。"这是贴标签。至于你是哪种人，你自己知道，反正不会是好人。

"我还没见过你这样的领导呢！"这是比较，意思是你比别人都差劲，你自己要反省的。

跳出指责的泥潭

造成这么尴尬的结果，孙善珍认为李部庆犯了错，没有考虑她的感受，就把她的隐私给曝光了，让她受到了伤害。

我们也是这样认为的吧？

我们觉得孙善珍就应该告诉他："我就不明白了，你这人怎么想的？这么简单的事情你看不出来？"甚至会觉得，李部庆应该受到惩罚。我们就应该让他彻底地、毫无保留地认识到自己的错误。

但我还是建议孙善珍仍然不要指责。指责这种语言暴力方式，并不能唤醒李部庆，让他开窍。

另外，在指责的过程中，她会认为造成这样的结果，完全是因为李部庆的错。其实，责任一定是双方的。

想一想，孙善珍有没有责任？她真的像她说的那样，是完全正确的、无辜的吗？

其实不是的。她和李部庆已经相处多年了，她是知道李部庆的行为方式的：这个人，做事风风火火，往往当机立断，而不一定会考虑周全。在最初沟通时，她就应该想到这种情况：李部庆可能会来不及考虑到她的感受，贸然把她的隐私暴露出去。她是否可以提醒一下？她有没有提醒的责任？

所以产生这样的结果，孙善珍是有一定的责任的。而指责其实是推卸自己的责任，这就放弃了相互理解，让对方变成被告，变成一个恶人。当一个人成为被告时，就会唤起他的防卫本能，他就会像刺猬一般竖起全身的刺，竭尽所能为自己辩护。这样换来的将是无休止的争执。

那什么是防卫呢？

防卫一般又叫自我防卫，是指人在受到攻击或威胁时的自我保护。这种自我保护包括反击、辩解和逃避，有时会让人用破坏性的方式来对待别人。这是一种本能的反应，目的是保护自我形象、顾全面子。

所以指责只是一种火上浇油的方法，并不能让她走出困境。

当然，我们分析出孙善珍的责任，并不意味着她就是坏人，也不意味着她就用心险恶，故意要把责任推卸到李部庆身上。每个人都可能会出现这种情况，所以有时，指责甚至可以说是无心之失。

她要想从指责的泥潭中抽身而出，就要学会分析自身在问题中的责任。如果在这次沟通前，孙善珍能够对自身的责任进行分析，那么也许她的沟通方式就不会那么咄咄逼人了，也就不会得到这样的结果。毕竟，她也不希望最后的结局是和李部庆相互厌恶，相互仇视。

续表

方法如表4-1，即责任分析法。

表 4-1　责任分析法

自己的责任	对方的责任

这个工具——"责任分析法"，能让我们看到对方责任的同时，也不会忽略自己的责任，这样就能更加公平地看待双方。通过这样的分析之后，我们自然地就会避免语言暴力和行为暴力。

如表4-2，在采取"责任分析法"之前，孙善珍认为责任都是李部庆的，是你李部庆把我的隐私说出去的，而且你也没问问我的意见，就直接说了，所以责任都在你李部庆身上。

表 4-2　责任分析法（对方的责任）

自己的责任	对方的责任
	把我的隐私说出去了
	说出我的隐私前，未和我沟通

现在她知道了"责任分析法"，明白不能这么武断地看待事情。所以在这个表格的左栏，她要耐心地分析自己的责任了，如表4-3。

表4-3 责任分析法（自己的责任）

自己的责任	对方的责任
没有告诉他，这是隐私	把我的隐私说出去了
没有想到，李部庆不一定知道这是我的隐私，他可能会随便说出去	说出我的隐私前，未和我沟通

这个过程并不容易，就像服下苦口的良药。但是孙善珍做到了。

通过分析，她发现自己也有责任：当时在找李部庆希望能给些加班机会的时候，她是可以把她的顾虑告诉李部庆的。

那她为什么没有告诉李部庆这是她的隐私？

因为她没有思考到，如果李部庆不知道她会有这个担心，可能会随便地说出去。

再想想李部庆一贯的做事风格，她就更加明白自己其实做得是不够的。

如果她提前分析过自己的责任，相信她的沟通方式一定不会像现在这样，说不定她会主动来找李部庆沟通，而不是被动地等李部庆上门时，相互恶语中伤。之所以会等到李部庆来找她的时候，才出现情绪爆发，根本就是因为她内心中一直在怪罪人家。

这样简单的分析，就会让孙善珍控制情绪的能力得到大幅提升。因为在她内心深处，不会对李部庆继续怀恨在心了，怪罪之意早已悄然退场。自然，她内心的负面情绪，也销声匿迹了。因为她知道，出现这样的结果，自己也有责任。这样，再沟通时，也就不会驱动她大动肝火，出现可怕的语言暴力了。

这样的分析后，孙善珍的沟通方式会是什么样子？

李部庆："小孙，你妈妈的情况怎么样了？"李部庆对孙善珍还是很关心的。

孙善珍："哦，谢谢你，今天还在医院里，病情已经好多了。而且我姨在陪着，我也不担心。太感谢你能够帮助我了，这样我有了四天加班时间。"孙善珍没有指责，在她安定的内心中，李部庆早已不再是一个无恶不作的魔头。所以她首先感谢李部庆的关心和帮助自己安排了加班。

李部庆："哦，那我就放心了。你抽空也多陪陪阿姨，需要请假提前跟我说，我也好安排。"没有受到指责，李部庆也不会自我防卫，而且在帮助孙善珍考虑她可能要抽时间照顾妈妈。两人维持着和谐的沟通气氛。

可是，孙善珍仍然想要谈谈自己受到的伤害："好的，请假肯定提前跟你说。你能帮我，其实我是特别感激的。"她没有说，李部庆，你错了。这样的选择，就不会让李部庆处于防卫状态。

孙善珍接着说："不过，你当时在大家面前说我妈妈生病了，我当时觉得好尴尬。你也知道，这是我的隐私，我不想让大家知道的。其实我也有做得不合适的地方，当时也没告诉你，这个事情是我的隐私，不能跟其他人说。"在谈到这个事情的时候，她也同步承认自身的责任，就避免了一次"化玉帛为干戈"的争吵，也让李部庆为承担起自己的责任做好了铺垫。

如此一来，李部庆完全没必要武装自己，而是扪心自问，确实自己有做得不对的地方。他打开心门："哎哟，小孙，非常抱歉。这话我说的时候，确实没有在意。我在这里向你表示歉意，请你原谅我。"两人的态度都是积极的，矛盾瞬间化解。

此时，孙善珍还想更进一步，因为这件事已经过去了，单纯谈论这件事的责任，并不能避免将来仍然受到伤害。她想和李部庆谈谈以后怎么做，而且想要清楚具体地谈论，双方都应该怎么做。这样才是避免矛盾与情绪化的有效途径。

所以孙善珍继续说："领导，你客气了。我原谅你了。这个事情不是你一个人的责任，我也有责任的。"她仍然强调不会怪罪李部庆，让李部庆心里踏实。然后说："那么以后可不可以这样？涉及可能让我感受不好的事情，我会主动跟你沟通。如果你考虑到，有一些事情可能让我感受不好，请你也及时和我沟通。我们共同来看看怎么做，才能达到双赢的目的。希望你愿意和我沟通这样的事情，而且采取措施时，能够考虑到我的感受。你觉得这样做，是否可行？"

这是一次完美的沟通，取得成功的关键就在于孙善珍放弃了指责。同时，李部庆能够承担自己的责任也起到了不可忽视的作用。他们都没有绝对化地独断专行，没有试图通过暴力来上演一场充满敌意的独角戏，都能够开放地接受彼此的看法。

也许我们在工作中、生活中不一定碰到这样的孙善珍和李部庆。但请你相信，当我们能够减少指责这种暴力沟通的方式时，一定会减少很多的人际矛盾与不合。

但是说归说，真的碰到具体的事情，还管那么多干吗？很可能就把自己的责任抛到了九霄云外。如果想要让这个方法像孙悟空的金箍棒一样，"招之即来挥之即去"，那么我们就要学会主动去观察自身是否处于"情绪化行为"中，以便及时采取措施。

本章小结

情绪化行为可以分为两种：语言暴力和行为暴力。

当我们认为别人有错时，就会指责和质问对方，希望对方能够认识到自己的错误，然后改变行为。但在受到指责时，对方不会觉得自己错了，更不觉得自己应该改变，所以就会反唇相讥。

当指责和质问不奏效时，我们就会威胁对方，同时会拒绝倾听，要求对方闭嘴。

常见的语言暴力形式有：

绝对化；

道德绑架；

自我标榜；

贴标签；

比较。

语言暴力失效时，就会强化我们的欲望，想要采取行为暴力来强制对方。行为暴力诉诸的是对对方的惩罚，想要教训教训对方，让对方为自己的行为付出代价。

所以行为暴力不一定就是大打出手，拳脚相加。冷暴力也同样是诉诸于对对方的惩罚的。

有时候，我们产生了情绪，自己是没发现的。但身体的每一个毛孔都在释放信号，包括：

表情变化；

身体感觉；

表达方式；

情绪感受；

行为方式。

只要我们能够主动进行自我监控，去识别自己和对方身上的情绪警告信号，就能及时干预，从"满是地雷"的情绪中抽身而出，从而跳出死循环。

在工作中、生活中，我们应该主动减少语言暴力和行为暴力。我们不能认为错全在对方，自己完全是无辜的。"责任分析法"可以让我们看到对方责任的同时，也不会忽略自己的责任，这样就能更加公平地看待双方，自然就会避免语言暴力和行为暴力。

第五章　诱发性事件

破解诱发性事件

"诱发性事件"在我们情绪发生的过程中，扮演了一个什么样的角色呢？

在第三章中，我们已经说过，在大部分人看来，是"诱发性事件"让人产生"情绪化行为"的。当"诱发性事件"发生时，我们的情绪就像突然被扣动了扳机，让我们的"情绪化行为"像子弹一样射向对方。

当然，在扣动扳机到射出子弹的瞬间，就像手枪内的火药发生爆炸一样，我们内心也是发生了巨大的变化的。否则，我们是不会产生"情绪化行为"的。

比如鲁提辖的案例。听了翠莲的话，有的人可能只是表示惋惜而已，有的人可能认为背后肯定有隐情，但鲁提辖不一样，立刻就要去杀人。这就说明从"诱发性事件"到"情绪化行为"，我们内心是有变化的。同时也说明，不同的人，内心的变化是不一样的。

如何让"诱发性事件"不会扣动这个扳机？这就是这章我们要探讨的。

方法只有两种：

（1）改变别人，让他不要再做出那样可恶的行为。这样就没有"诱发性事件"了，我们自然就不会着急上火了。

（2）改变我们对事件的理解。身处情绪之中，我们对事件的理解，就像相机没有对准焦距一样，是极度不准确的。当我们能够主动去调整焦距，情绪也就自然会缓和甚至消失。

改变别人的行为

表面上看，完全是"诱发性事件"让我们产生"情绪化行为"的。

为什么打孩子？因为他不听话。为什么骂下属？因为他没做好。所以我们可以简单地得出一个结论：是别人让我们产生情绪的，是别人让我们产生"情绪化行为"的。所以，应该要优先改变别人的行为才合适。

我们不妨来看看卡耐基在《人性的弱点》中讲的一个故事：

1931年的5月7日，纽约市民看到一次从未见到过、骇人听闻的围捕格斗！凶手烟酒不沾，有"双枪"之称，是名叫克劳雷的罪犯。他被包围，陷落在西末街——他情人的公寓里。

150名警方治安人员，把克劳雷包围在他公寓顶层的藏身处。他们在屋顶凿了个洞，试图用催泪毒气把凶手克劳雷熏出来。警方人员已把机枪安置在附近四周的建筑物上，经过一个多小时的时间，这个纽约市里原来清静的住宅区，就一阵阵地响起惊心刺耳的机枪、手枪声。克劳雷藏在一张堆满杂物的椅子后面，手持短枪，接连地向警方人员射击。上万的人，怀着激动而兴奋的心情，观看这幕警匪格斗的场面。久住纽约的人都知道，从来没有发生过这样的变故。

克劳雷被捕后，警察总监马罗南指出：这个暴徒是纽约治安史上，最危险的一个罪犯。这位警察总监又说："克劳雷杀人，就像切葱一样……他会被判处死刑！"

可是，"双枪"克劳雷认为自己又是什么样的一个人呢？当警方人员围击他藏身的公寓时，克劳雷写了一封公开信，写的时候因伤口流血，使那张纸上留下了他的血迹！克劳雷的信这样写着："在我衣服里面，是一颗疲惫的心——那是仁慈的，一颗不愿意伤害任何人的心。"

在发生这件事不久前，克劳雷驾着汽车在长岛一条公路上，跟一个女伴调情。那时突然走来一名警察，来到他停着的汽车旁边，说："让我看看你的驾驶执照。"

克劳雷不说一句话，拔出他的手枪，就朝那名警察连开数枪，那名警察终于倒地而死。接着克劳雷从汽车里跳了出来，捡起警察的手枪，又朝地上这具尸体开了一枪。这就是克劳雷所说："在我衣服里面，是一颗疲惫的心——那是仁慈的，一颗不愿意伤害任何人的心。"

克劳雷被判死刑坐电椅。他走进受刑室，你想他可能会说"这是我杀人作恶的下场"？不，他说的是："我是因为要保卫我自己，才这样做的。"

在警察的眼中，在纽约市民的眼中，克劳雷是个十恶不赦、罪该万死的家伙。他真的应该放下屠刀，改过从良。可是警察的围攻，没有让他改变；坐电椅，也没有让他改变。因为在他心目中，自己是一个仁慈的人，自己才是受害者。

所以改变别人谈何容易，我们真不能认为是别人造成了我们的情绪，这是一种归罪于外的态度。如果大家都认为是别人的错的话，是没有人会主动改变的。最终的结果，只能是恶性循环。往这个方向走，无异于缘木求鱼。

所以，管理情绪，核心是管理好自己的情绪。从自己身上找原因，这才是情绪管理这件事情的终南捷径。

改变对事件的理解

疑点重重的不白之冤

让我们再来看看鲁智深，案例详情见附录A：鲁提辖拳打镇关西。

按照金翠莲的说法：郑屠虚钱实契，"只上车，不买票"。而且他家的大娘子把她赶打出来，还追要原来的三千贯典身钱。让人感觉她父女俩是真可怜，被郑屠占了身体，还要给郑家无中生有的三千贯。

确实，从她的描述来看，郑屠和他家的大娘子"枪毙一个月都不冤"。

但这只是翠莲单方面的说法，翠莲的描述中，自己父女完全是好人，郑家完全是坏人。这样的描述本身就让人感觉疑窦丛生。作为旁观者，我们不得不提出两大疑问：

（1）郑屠是否真的"虚钱实契"？

（2）翠莲脱离郑家是否是郑家的过错？

有没有可能，金翠莲母亲病死客店后，由于没有丧葬费，她父女和郑家做了一笔交易：她嫁到郑家，郑家出这笔钱？进入郑家后，由于翠莲常年漂泊江湖，不惯管束，数次与郑家冲突，后来主动提出离开郑家？

这些也只是我们的猜测。但是法官断案，是不能听信片面之词的。要想客观公正，就需要通过多方面的信息，来交叉验证才能准确判断。所以鲁智深想要明镜高悬，打抱不平，很重要的是，先要把这起案件最重要的当事人叫来，听听他怎么说？说不定他会听到另一番故事。

可是鲁智深只会一意孤行，根本没有心思去听，就把翠莲的一面之辞，当作了事实。

这正是处于情绪中的人的普遍特点。在情绪主导下，人往往只关注自己的正确性，以及对方哪里错了。所以鲁智深只有一门心思，就是打死郑屠。打死的过程也非常武断，没有给郑屠任何机会，来解释和证明自身的清白。他不想让郑屠来阐述自己的事实。他只看到了自己眼中的事实，心态完全是封闭的。

幕后的真相可能永远埋在了死去的郑屠，以及第二天一早逃之夭夭的翠莲父女心中。

在郑家人眼中，鲁达是否还是那个两肋插刀的侠客，还是一个目无法纪的暴徒？在郑家人眼里，翠莲父女是什么样的人，好人还是坏人？

不同的人，心中的事实可能是不一样的！

比如鲁提辖心中的事实，都是从翠莲嘴里说出来的。而郑家人心中的事实，我们不知道，但可以相信，一定和翠莲说的不一样。正是每个人心中不同的事实，导致他们会有不同的判断，进而采取不同的措施。

翠莲相信自己的事实，采取的措施是哭诉。

鲁提辖相信翠莲所说的事实，采取的措施是杀人。

😀 事实会误导人

我们可能也会像鲁提辖一样，会相信我们心中已认定的事实，而这个事实有时却不一定是真实的，只是我们的一厢情愿罢了。当这种相信变成坚信时，就会影响我们的判断，从而误导我们，让我们做出错误的决定。

比如，让孩子多参加兴趣班，还是给孩子更多的自由时间？比如，家长是给孩子提出要求，让孩子自己学习，还是陪伴孩子一块儿学习？不同的人意见往往是不一致的。那是因为每个人都相信自己心中的事实，却不一定认可别人的事实。

心中的事实不一样，观点就不一样。观点不一样，我们就会认为别人是错的。当不同的观点相遇时，就像走到了没有红绿灯的十字路口，人会变得十分斤斤计较，要求别人和自己意见一致。意见无法一致，就会指责对方，产生语言暴力，直至行为暴力。

这样的态度及行为方式，就像古人说的，"非我族类，其心必异"，只有消灭对方才能实现世界大同；也像极了《三体》中的两个文明相遇，唯一可以采取的措施就是开枪消灭之。请看黑暗森林法则：

宇宙就是一座黑暗森林，每个文明都是带枪的猎人，像幽灵般潜行于林间，轻轻拨开挡路的树枝，竭力不让脚步发出一点儿声音，连呼吸都必须小心翼翼。他必须小心，因为林中到处都有与他一样潜行的猎人，如果他发现了别的生命，能做的只有一件事：开枪消灭之。在这片森林中，他人就是地狱，就是永恒的威胁，任何暴露自己存在的生命都将很快被消灭，这就是宇宙文明的图景，这就是对费米悖论的解释。

鲁提辖不就是这样吗？我认为你不好，你就不好，不管我是听谁说你不好的。我只做一件事，开枪消灭之——三拳打死镇关西。

他需要的不是真相，而是怒气的宣泄。

还好有大宋的王法，鲁提辖还是要为自己的偏激付出代价的。而他又不愿意为自己的鲁莽埋单，只能远走他乡了。也是付出了代价，只是程度更轻而已。

保持客观的方法

到现在，相信你也看出来我要说什么了。

无非就是我们看待事情要客观理性。面对不同的观点，要相信"事情没有绝对的"；面对他人的想法，要相信"不同的想法都是有道理的"。

这么简单的道理谁不知道？

但真的身陷其中之时，做到却又难如登天。尤其是当你相信问题就出在对方身上，对方绝对错了的时候，同时又觉得自己完全是客观公正的。又有谁能够做到平心静气地去聆听对方，甚至接受对方呢？

这就叫作知易行难。

所以我们总是认为：老板一意孤行，老板做事不公平，别人"很傻很天真"，对方很自私，那个家伙就是个笨蛋。而同时，在我们心里，自己却是一个聪明睿智、客观公正、大公无私、完美无缺的人。

你身边是否也有这样的人？

真的，当面对不同的观点时，人很容易就会觉得对方的想法不可思议，从而更加坚信自己是绝对正确的。此时，我们就会固执己见，甚至"霸王硬上弓"，要求对方按我们的想法做。面对对方的"天真"，我们可能会想要教育教育他；面对对方"不讲道理"，我们可能会开门见山，直斥其非。

这就像一把锁，锁住了我们的心，锁住了我们接近事实的大门。让我们做出错误的决断，让我们就像"盲人骑瞎马，夜半临深池"。

同时，面对我们这样的态度和行为，对方一定会感觉受到了不公正的对待，甚至干脆对我们的说辞充耳不闻。

这就会让我们遭受较多的挫折。

所以我们要打开这扇门，解开心中的锁。这样才不会被片面的信息所蛊惑，看待事情才能更加客观公正，从而我们的情绪也自然就实现了管理。这就需要用到一个很重要的工具——周哈利窗（见图5-1）。

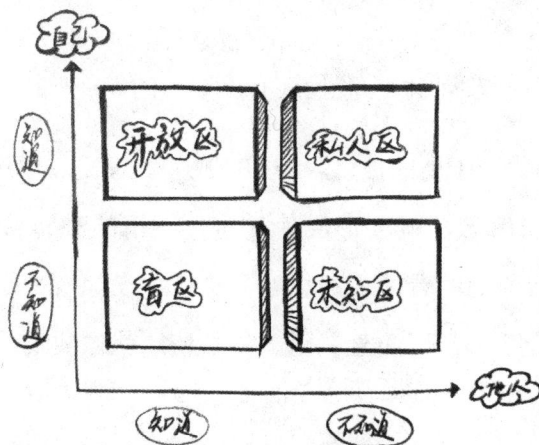

图 5-1　周哈利窗

周哈利窗的核心观点就是：每个人都会受到已知信息的影响。当面对他人的观点和我们不一样时，当面对别人的攻击时，当面对别人提出无理要求时……如果我们仅仅依靠自己单方面知道的信息，就坚信自己的观点是完全正确的，从而采取行动，就可能会像盲人摸象一般，拿着鸡毛当令箭；就可能会像鲁提辖一样，害人害己。

这是一种自我封闭的方式。这种单方面的坚信也是建在沙子上的塔，随时都会崩塌。

所以，我们不应固执己见，而是要打开窗，去了解我们还不知道的事情，来照亮我们眼界之外更广阔的天地。

其实发生任何事情，不论是网上看到的，还是从别人嘴里听到的，还是与别人发生冲突时，由于我们过去的经验、我们已知的信息，都会形成我们对这件事情的认识、理解、观点及感受。这就构成了我们这一侧所知道的内容。但仅仅依靠我们单方面已知的事实，做出的决策未免有失偏颇。

因为周哈利窗告诉我们，我们还有不知道的。

对方也一样，由于他的性格、经验、民族、家庭、学历等背景原因，以及他所了解的信息，就会形成他对这件事情的独特认知。而且他的看法，很可能和我们的看法大相径庭。这样，在他看来，我们的很多说法，很难让他接受，甚至简直就是无稽之谈。就像我们看待他们的方式一样。

其实他也有知道和不知道两个侧面。

这就构成了周哈利窗的四个象限：开放区、私人区、盲区和未知区。

面对"诱发性事件"，关键就是要缩小我们的盲区，进而扩大我们的开放区。同时，缩小对方的私人区，以及双方的未知区。

就像赵尔泰，当他让一个员工郑仕平去干活，郑仕平却表现出不愿意时，他非常恼火，心里想："现在的年轻人，吃不了苦，就是想要偷懒。"当想到郑仕平是从其他部门调过来的时候，他更加坚信了自己的观点：这个家伙，肯定好吃懒做，人家部门不喜欢，踢到我这边。然后他以强硬的口气，要求郑仕平去做。虽然郑仕平带着不情愿，最终还是硬着头皮配合了。

而事实上，郑仕平是两天前从其他部门调过来的。因为他有静脉曲张，不能长时间站立工作，所以才调到赵尔泰这边。而赵尔泰现在给他安排的活，是需要站一整天的。郑仕平一听就犯愁了，表情上还表现得非常为难。而且他觉得赵尔泰应该是知道他的情况的，心里认为领导这是针对自己，故意为难人。而毫不知情的赵尔泰，一看他的表情，就来了气，立即耍起了领导的威风，强压起来。

为了这个事，郑仕平回家想了好几天，到底自己哪里得罪了赵尔泰？

如果赵尔泰知道郑仕平背后的故事，他还会不会认为郑仕平是故意想偷懒呢？还会不会强压？如果郑仕平知道赵尔泰其实并不知道他有静脉曲张，他还会觉得领导是故意为难他吗？

这就是他俩的盲区：赵尔泰不知道郑仕平有静脉曲张，郑仕平也不知道赵尔泰其实并不知道他调过来的原因。两人都没有试图去通过消除盲区，进而扩大开放区来化解情绪，只知道相互猜忌，乱生闷气。

扩大开放区，很重要的就是，我们双方都愿意分享自己对这件事情的理解，哪怕这个观点不受欢迎，说出来会让对方嗤之以鼻。但都会努力让对方知道并理解。

但是这个做到很难！

因为如果你强行这样做，只会跟对方说："你给我闭嘴，听我说。"对方又不是木头，肯定会说："你才给我闭嘴呢，听我说！"这样只能换得争吵和敌对，就把进入开放区的通道给关闭了，变成一场愚蠢的游戏。

要想让开放区扩大，只有在另一方愿意倾听的情况下才可以。

怎么做到呢？

唯一的办法，不是让对方闭嘴，而是我们要学会闭上嘴巴，真心诚意地去倾听，去了解我们还不知道的情况。

所以，面对"诱发性事件"，如果我们带着这样的态度——背后必有隐情，说不定有些事情是我们不知道的，我们可能会遗漏掉——就会让我们敞开心扉、开诚布公地，去聆听对方眼中的事实、对方的观点和看法。

扩大开放区可不是耍手腕，你绝不可以带着"找茬"的心态，随时等待对方犯错，然后揪住对方的小辫子不放，来"诱杀"反对意见。那将会和我们的初衷南辕北辙。它需要我们放下防卫，敞开心扉，真心诚意地去了解不同侧面的信息，来努力补充我们遗漏的信息，不论对方说出的观点或事实多么让人感到诧异，多么不符合我们最初的期待。

因为我们相信，随着我们对事情的了解更加深入，就能够帮助我们评估原来的观点，并修正我们的想法，甚至会颠覆我们原来坚信的事实。

这样才叫扩大开放区，才能让我们变得更加客观。

同时我们会发现，原来的负面情绪很容易就烟消云散了。

但是"公说公有理，婆说婆有理"。凭什么我们要听对方的，我们要进入开放区？对方不愿意听我们的，不愿意进入开放区怎么办？

那是因为对方的私人区在作祟，他有防卫倾向，他害怕你只希望他听你的，甚至想要抓住他的弱点进行突袭。所以他甚至不愿意看到自己是有盲区的。

我们怎么办？

这时，我们千万不可强迫对方进入开放区，强扭的瓜不甜。其实只要我们愿意去倾听对方的说法、接纳对方的想法，就会神奇地发现，对方也愿意来听我们的，也会主动扩大他的开放区。因为他知道他现在是安全的，他的说法不会被我们随意否定。他意识到被我们接纳了，那么他就放下了武装。

这样两人就能够自由地交换想法，就能够充分地理解双方的观点及理由。这时，两人就同步地对彼此的分歧形成更准确、更全面的看法。而这个看法，很有可能和最初的想法截然相反。

这样，双方就共同实现了可贵的认知升级。

最终，我们才能做出更明智的抉择。

所以，想要认知升级，我们何必要去听那么多的课？去读那么多的书？对你身边的每个人，打开周哈利窗，随时都让你认知升级。

当然，这是我们的态度，不是对方的态度。如果对方情商低，不和我们进入开放区，怎么办？

那我们要自问，我们是否仍然在指出对方的错误，说自己是绝对正确的？如果是这样，我们自己其实就在拒绝倾听，我们自己都没有进入开放区的意愿，又怎么能强求对方？其实，说对方不进入开放区，只是想通过指责来给自己找个台阶下而已！

只有我们愿意去听、去真心了解对方这样做、这样说背后的原因时，过程中尊重对方、充分考虑对方的利益时，对方才能进入开放区。

当对方有私人区的时候，他会怀疑你的动机，他会担心说出自己的真实想法后，会受到伤害。这时，他也不会进入开放区。这个背后，是他对我们的信任。我们应该在平时，就要争取到这种信任，就建立好双方共有的开放区。

情境案例应用

无辜不代表公正

不如来分析一下李部庆和孙善珍吧，案例详情见附录B：好心没有好报。

在案例中，我们看到李部庆和孙善珍都觉得自己是无辜的，是对方不公正行为的受害者。同时，他俩却又对对方是如此的不公正，只相信问题就出在对方身上，都对对方的说法嗤之以鼻、充耳不闻，只想强迫对方闭嘴，只听自己的。甚至想要随时抓住对方的漏洞，大肆反攻。

他们的心都上了锁，完全没有进入开放区的意愿。

那么，李部庆的盲区在哪里呢？

首先，当他带着一片好心，去询问孙善珍妈妈的情况时，孙善珍的反应完全出乎他的意料，让他措手不及。这说明他从来就没想到孙善珍是有私人区的。

他能帮助孙善珍安排加班，的确是一片好心。而且现在又主动过问，证明他是把孙善珍的事情放在心上的。但在安排加班时，他以为，我只要帮助你孙善珍安排加班了，就是做了好事，这就足够了。他根本就没考虑到，如果让其他同事知道了孙善珍的家事，孙善珍内心会有什么样的感受，以及自己的行为会对孙善珍造成怎样的伤害。

这就是他的盲区。

正是这个盲区，让他一时疏忽，造成现在这样的后果！

其次，面对孙善珍的攻击，他立即就魂不守舍，反击起来，完全没看到自己的语言暴力。这样就把孙善珍挡在了开放区的门外。他感觉自己一片菩萨心肠，却得到这样的回报。孙善珍简直是不知好歹，问题就出在孙善珍身上。他却没有去思考，孙善珍这样的攻击，背后可能是有隐情的。

而且，在他们争吵的过程中，孙善珍不断地释放信号："你显摆""你想要羞辱我""你把我妈妈生病的事情都说出去了"。这么多重要的线索，他却充耳不闻，没有试图停下来，去了解是什么原因让孙善珍如此疯狂。只顾着去抓住孙善珍的"小辫子"不放，给予回击。就把双方进入开放区的通道给堵死了。

他的表现，其实是要拼命地掩住门，任孙善珍喊破喉咙，也不放她进入开放区。

再次，他更没有好好利用这个机会，来争取孙善珍的信任。那么之后即使两人重归于好，孙善珍也不敢再对他说真话了，因为会担心隐私再次被他当众揭露。他就帮助孙善珍建立了新的私人区。

当时，他也没想到这一层吧？

那么，孙善珍的盲区又在哪里呢？

首先，最初向李部庆提出请求时，她自认为李部庆会考虑到她的隐私，而没想到李部庆本身就是个马大哈，并不觉得这有什么需要保密的。她并不了解"直男"的思维方式。

而且，她不知道，每个人对隐私的定义，都是有很大的差异的。有的人会随随便便把自己家里鸡毛蒜皮的小事说给别人听，来换取彼此的同仇敌忾。而有的人却要拼命地藏着掖着，羞于让人知道。

甚至这点可以说是他俩的未知区，可能两人都没有想到最后竟然是这样的结局。

其次，她认为李部庆想要显摆，想要伤害她，这样的语言暴力，她完全没有意识到。而且这些都是她自己杜撰出来的，是没有事实依据的。但她却固执己见，坚信自己是绝对正确的。这就造成李部庆百口莫辩，说什么她都不会相信。她只希望人家改变行为，却不接受人家的任何说法。

这样，她自己就挡在开放区的门口，阻止李部庆进入。

再次，她也不知道李部庆这么做的背后，是基于什么样的考量。其实在她来找李部庆希望多安排些加班的前一天，钱师阳也来找过李部庆，也希望能多给一些加班机会。但因为他没有合理的理由，为了控制加班时间，李部庆是没有同意的。但是，考虑到她的情况特殊，李部庆当时可是咬着牙决定帮她的。

而且，当她转身离开后，李部庆反复纠结思量了很久：自己怎么做，才能让团队成员感觉自己处事是公平的？想来想去，最后觉得在早会上把情况给大家说清楚，大家也就能理解了，就不会觉得他偏心了。

而她却一味地把自己封闭起来，拒绝任何沟通的尝试。没有试图去了解李部庆决策背后的信息，就造成她根本无法评估原来的观点，并修正自己决绝的想法。只能在错误的道路上，一条道走到黑。

所以，整个过程中，他俩是没有沟通的。可以说是"零沟通"。

彼此说话，并不代表产生了沟通。真正的沟通，都必然会带来开放区的扩大。

而他俩的行为，只能说是相互袭击了。

最后，整个过程中，她只顾忙着指责李部庆，却完全忘记了李部庆帮她安排加班的恩情。只是因为人家的一点过错，就一叶障目，把人家所有的好全部抹杀掉，这对李部庆绝对是不公平的，而这点也正是李部庆最无法接受的地方。

人在被激怒时，会被对方恶的一面遮住视线，拒绝宽容，拒绝客观。

这也是她被冲昏头脑后的巨大盲区。

而且，他俩也有很大的未知区。我们看到，他们只顾相互攻击，用伤害来回报伤害。其实他们根本不知道，自己这样的"情绪化行为"本身就是有问题的。他们也不知道：他们自己本身就是有盲区的；他们对对方的看法也不一定是正确的；他们内心根本不是只有愤怒；面对对方的情绪，他们本可以有很多不同的措施来应对。

这是一次失败的沟通，他们都没有实现认知升级。争吵过后，很可能只会让他们龟缩于原来的视角内，坐井观天，更加坚信自己是对的，对方就是个恶棍。

😀 强者的姿态

按照周哈利窗的说法，观点不一样时，我们不能固执己见，要听听对方怎么说，而且能够接受对方的观点和想法，甚至还要放弃自己的观点。那有人就会问，像孙善珍这样，上来就劈头盖脸地攻击人，李部庆还要听她的？听她的，不就意味着李部庆很软弱吗？

可是我们看到，在案例中，两人从头到尾都在相互攻击，最后反目成仇。我们要问李部庆，这是不是他想要的？

他可能会说，我就是要出这口气。但是最后的结局，把彼此的关系搞僵，他可能反而更气了吧？这口气也没出去。

只有让对方心悦诚服地承认自己错了，这才叫出气！而这，却不是用以暴易暴的方法换来的。

出现这样的结果，反而更加证明他是弱者。

而且这样和下属相互攻击，在周围人的眼里，会觉得他是强者？

可能不一定吧！

只有他有效地化解了孙善珍的敌意，最后让孙善珍心服口服地理解他，配合他，并承认自己的不理智，周围的人才能给他一个大写的赞。

这才是强者吧？

其次，孙善珍今天这样的行为，一反常态，他是否应该停下来，仔细了解一下到底出了什么情况呢？什么情况都不了解，就只顾自我防卫，这样的表现是强者，还是一个有勇无谋的粗人？

他的表现，其实和鲁智深是别无二致的。

所以，应用周哈利窗根本就不意味着软弱，也不意味着放弃，而是为了防止我们犯错。如果只是否定对方，拒绝接受任何合理的说法，只会让我们一错再错，让我们永远包裹在易怒、敏感、狭隘的皮囊之内。

周哈利窗教给我们的态度是：即使我们和对方之间仍然存在分歧，但我们不希望简单地去谈论是非对错，我们希望能够和对方共同探索解决问题的最好办法，进而化解这个分歧。

这是一种生活态度，是一种开放自信的信念！我们不会去绝对化地看待任何分歧，就像孔子说的："毋意，毋必，毋固，毋我。"

本章小结

　　面对"诱发性事件"，我们会认为，是别人可恶的行为，造成我们产生了情绪。但改变别人却是缘木求鱼。

　　所以改变我们对"诱发性事件"的理解，才是情绪管理这件事情的终南捷径。

　　面对任何事情，我们都是带着自己对这件事情的认识、理解、观点及感受的，但这样的认知，是有盲区的。所以我们要学会使用"周哈利窗",缩小我们的盲区,进而扩大我们的开放区。同时,缩小对方的私人区,以及双方的未知区。

扩大开放区,能够帮助我们评估原来的观点,并修正我们的想法,甚至会颠覆我们原来坚信的事实。但扩大的过程中,不能强行要求对方只听我们的,而是要真心诚意地去倾听对方,才能换来对方的同等待遇。

第六章　内心·的情绪

在有仇恨的地方，让我播种仁爱；

在有伤害的地方，让我播种宽恕；

在有猜疑的地方，让我播种信任；

在有绝望的地方，让我播种希望；

在有黑暗的地方，让我播种光明；

在有悲伤的地方，让我播种喜乐。

——圣方济各的和平祈祷词

压抑不是办法

在地铁里，一个孩子不听话，暴躁的妈妈，一巴掌打在头上。"腾"地一下，怒气涌上孩子心头。只见他脸上瞬间就戴上一副让人战栗的面具，他双眼充满了怒火，攥起了小拳头，胳膊微微抬起，但在中途还是硬生生地停下来。他全身僵硬，一动不动地木在那里。可能是因为害怕更大的惩罚，最后他没有选择对抗。

但情绪，仍然像挣脱了束缚的野兽，在他体内横冲直撞，摧残着他那脆弱的心灵。

在这进退两难之际，他选择了压抑的方式，试图通过作茧自缚，强行扼住情绪的咽喉。简单来讲，叫敢怒不敢言。

我们成人，有时会带着这样的认知：有情绪是不合适的，甚至会为自己有情绪感到尴尬，尤其是坏的情绪。我们感觉，我们不能大发雷霆，不能大哭大闹。为此，我们会咬紧牙关，尽量克制。

不论是像这个孩子一样，在外力的压迫下，强行压制，还是刻意地去选择压抑，情绪都不会凭空消失。我们看到，甚至有人会极力否认自己产生了情绪，他甚至会去说服别人："我很正常，没事啊！""我没生气！"但是我们知道，他生气了，他不正常，他有情绪。

因为情绪的力量实在是太强大了，他脑袋上暴起的青筋、不耐烦的眼神、生硬的语气，早已把他出卖了，一点都不像没事的样子。口头上的没事，并不能掩饰心中的十五只吊桶打水——七上八下。

心有怨气却隐忍不发是极其痛苦的，时时让人如骨鲠在喉、不吐不快。

所以无论如何压抑和否认，情绪都不会轻易地被我们抛诸脑后。也许今天压抑成功了，但未来的日子里，你并不会快乐，委屈与憎恨仍然会不断地萦绕心头。你会一遍遍反刍，当时的一幕幕仍然会历历在目，就像刚刚发生的一样，让你肝肠寸断、无比痛苦。

更严重的是，如果类似的"诱发性事件"经常发生，当你再次面对那个人的时候，就像连续扣动扳机一样，内心的情绪就像大海涨潮般地后浪推着前浪，一浪接一浪，无情地拍打着你那柔弱的五脏六腑。它会改变你的语音和语调，会让你的面部表情不自然，会让你产生极度的不耐烦，会让你讽刺、挖苦对方，会让你产生攻击性。

其实压抑已经宣告失败。

此时，有人就会放弃压抑，选择释放。突然，情绪席卷而来，犹如滔天的洪水冲破闸门，试图摧毁一切，那将是疯狂的报复。比如我的学员提到的将自己爱人杀害的那个人，可能平时压抑太久了，他早已在内心深处积蓄了N多的不满和怒火。这痛苦已不知和他打了多长时间的持久战，他一直背着沉重的情绪枷锁。最后那次的"诱发性事件"，可能就是压垮骆驼的最后一根稻草。对他来说，那时的冲动，可能是："忍无可忍，则无须再忍。"于是，换得了一时的解脱！

真的解脱了吗？

这样的释放，只会置人于死地。

我们不了解情绪

其实情绪的存在是不争的事实，关键是要学会如何有效地处理！

有效处理的前提是要先了解情绪。

虽然情绪就像空气一样一直陪伴着我们，可以说我们非常熟悉它。但熟悉并不等于了解，就像我们不知道每次吸进了多少克氧气，不知道现在衣服上有几枚纽扣，不知道自己的脉搏是多少次，不知道到底头上有多少根头发一样，我们对情绪的了解也是相当匮乏的！主要体现在：

首先，我们不知道什么是情绪。

其次，我们不了解我们到底产生了什么情绪。

什么是情绪

请判断：以下哪一条是我们"内心的情绪"？

> 我觉得被冤枉了。
>
> 我觉得被忽视了。
>
> 我觉得被羞辱了。
>
> 我觉得老板很不公平。

比如，"我觉得被冤枉了"。"冤枉"的意思是，别人把莫须有的罪名强加到我们头上。其实，这根本不是情绪，而是我们对自身处境的判断。情绪是，当我们感觉被冤枉了，我们内心会充满了委屈，或者我们会感到无比生气。委屈和生气才是情绪。

所以，以上所述都不是我们"内心的情绪"，而是属于我们下一章要讲的"主观的评价"。它是我们在面对"诱发性事件"时，对自己处境的评价。正是这样的评价，让我们产生委屈、愤怒、郁闷等情绪，相关的内容将在下章详述。

另外，如果我们把"我觉得"换成"我认为"，是不是发现也可以？所以这里的描述只是评价，这个评价属于产生情绪的另一层原因，而不是情绪本身。

那什么是情绪？

情商之父丹尼尔·戈尔曼（Daniel Goleman）在《情商》（*Emotional Intelligence : Why It Can Matter More Than IQ*）一书中对情绪的定义是："情绪"意指情感及其独特的思想、心理和生理状态，以及一系列行动的倾向。这个定义包含了"火山模型"中"主观的评价"和"内心的情绪"两个层面。这样掺杂在一起的定义，反而容易让人眉毛胡子一把抓，一团乱麻，并不利于我们理解情绪并管理情绪。

所以，我们对情绪的定义是：情绪是内心的一种情感！

比如，当受到表彰时，我们会感到开心，而且将来回忆起拿起奖章的那一刻，开心快乐的感觉仍然会流淌进心坎儿。而当别人没有听取我们的意见时，我们会感到受伤和失落，而且将来，只要一想到这件事，当初受伤和失落的感觉也会瞬间涌上心头。这就是我们内心的情感——我们的情绪。

这里，面对这些情境，我们肯定会在内心产生"自我内言"。比如，当受到表彰时，我们会对自己说："我还可以"，或者会说："上级对我还是很认可的"。当别人没有听取我们的意见时，我们会在心里说："这个家伙怎么能这样？这太不尊重人了！"这样的"自我内言"就是戈尔曼所说的"独特的思想"。我们认为，把这种"自我内言"划分到"主观的评价"才更合适，因此不作为本章探讨的内容。

由此可见，上面的四种情境，其实就是戈尔曼所说的"独特的思想"，是我们对自己处境的一种评价，是一种观点，不适合当作情绪。而当我们面对这些情境时，我们的情绪分别是：

> 我觉得被冤枉了，我很委屈。
> 我觉得被忽视了，我很失落。
> 我觉得被羞辱了，我很愤怒。
> 我觉得老板很不公平，我很失望。

委屈、失落、愤怒和失望才是我们"内心的情绪"。

我们产生了什么情绪

人们只会表达出愤怒

而实际上，很多人在这些不同的情境下，表现出来的却都是愤怒，而不是委屈、失落和失望等情绪。那是因为我们在成长的过程中，缺少对这些情绪的了解和认知，所以就无法有效地区分出这些不同的情绪，只能用单一的愤怒情绪来替代一切情绪。这就会造成，委屈的时候，愤怒；着急的时候，愤怒；嫉妒的时候，愤怒；观点不一样，也愤怒……

我们本来是被其他情绪困扰了，但表达出来时，却是愤怒。这样就非常容易导致彼此的伤害，杀伤力太强！

就像一个父亲，当孩子受伤住院了，他见到孩子的第一眼，竟然是火冒三丈："你怎么这么不小心？你让我和你妈妈怎么才能对你放得下心？"而实际上，飞奔过来的路上，他感到五味杂陈：焦急、愧疚、担心、自责，各种感受一齐涌上心头——其实一路上他是非常担心孩子的伤势的，甚至有一种负罪感，怨恨自己没有能力阻止这一切的发生，觉得自己没有履行好做父亲的责任。但是由于他无法区分出自己内心的情绪，没有表达关心，没有表达愧疚，只表达了愤怒。

这就是我们第二条所说的：我们不了解我们到底产生了什么情绪。

建立情绪词汇库

如何才能让我们更清晰地了解自己产生了什么情绪呢？

很悲催的是，那需要我们努力提升汉语能力了！

比如幼儿，最初他们是无法准确区分自己身体上的感觉的。有时候，他告诉你肚子疼，其实他是有点饿了。有时，他说肚子疼，说的却是自己吃饱了。只有随着他慢慢长大，掌握了更多的语言，在父母的引导下，才逐渐明白了肚子疼、肚子饿与肚子饱之间的细微差别："哦，原来这是肚子饿了，不是肚子疼了啊。"

孩子，正是通过语言能力的提升，识别出不同的身体感觉。

情绪也一样。对不同情绪的了解与区分，也需要不断地训练，才能让我们一点点明白，当时到底有什么样的情绪在困扰自己。但是大多数人都没有得到过相应的训练。

生理年龄的增长，并不代表心理年龄也会同步增长。甚至有的成人只能区分出几种最基本的情绪，如开心、愤怒、难过等，这其实和一个三岁的孩子差异并不大。这就会造成，当他面对不同的场景时，只会把不同情绪混为一谈。

据说，爱斯基摩人有四百多种描述雪的词语，如正在融化的雪、地上的雪、飘动的雪……。所以他们对雪的认识和理解要比我们更深、更广、更多样，而且也更准确。

理解情绪，首先我们就必须像爱斯基摩人一样，建立相应的情绪词汇库，用不同的词语来界定情绪。这样才能清晰地辨别出不同情绪彼此之间的细微差别。

然后，当产生情绪时，就主动把不同的词语与相应的情绪建立联系，用心去体会其中的感觉与差别。这样我们才能细嗅内心的不同感受，才不至于无视自己的真实情绪，仅仅用单一的愤怒来笼统地替代所有。

那我们都有什么样的情绪词汇呢？

积极的情绪有：

> 开心、好奇、自信、自豪、感激、钦佩、
> 骄傲、满足、放松、坚定、感动、振奋、
> 平静、踏实、陶醉、欣慰、放心、乐观、
> 自在、甜蜜、镇定……

消极的情绪有：

> 失望、愤怒、泄气、怀疑、伤心、嫉妒、
> 羡慕、失落、受伤、羞愧、内疚、后悔、
> 害怕、担心、焦虑、沮丧、苦恼、厌恶、
> 紧张、尴尬、灰心……

应用情绪词汇库

你可以用心体会这些情绪吗？

请看着上面的词，然后试着自己表演出这种情绪下的体态和面部表情。

请你把吃奶的劲儿都使上，让全身上下，从里到外，每个细胞都去配合这个表演。同时，用心去体会身体和内心的变化。

你是否感受到了变化？

如果是，请让它像X光般地，穿透你的身体，让你的身体产生毛细作用，把这种感受，渗透进每一寸肌肤。去体会身体与情绪彼此交融的那种感觉。

之所以请你来体会这些不同的情绪，是因为：

首先，只有我们熟悉了这些不同的情绪，在未来与人互动时，当它还在若隐若现，我们就能顺藤摸瓜，立即准确地识别出自己最真实的情绪。不同的情绪会驱动我们产生不同的行为，如果对于任何事情，我们只能体会到愤怒，那么我们也只会产生愤怒下的行为。

其次，语言具有一种不可思议的奇妙力量，它可以帮你定义你内心的感受，虽然这种感受不一定与事实相符。有时，当你想到某种感受时，这种感受竟然会凭空出现，注入你的身体。你想得越走心，这种感受就会越强烈。

比如，现在请你闭上眼睛，仔细想："我很紧张，我很紧张。"请持续30秒，你的内心是否也产生了这种"紧张"的感觉？请你再闭上眼睛，全神贯注地想这句话："我是一个坚强的人，我是一个坚强的人。"仍然请你持续30秒，现在，你的内心是否也变换成了"坚强"这种感觉？

如果你走心的话，你会发现身体的确会随着词语的变化，而产生不同的感受！

而且语言甚至能帮你定义你是一个什么样的人。

就像有人经常会对自己说："我就是个笨蛋。"那么他做任何事情，总是想着"我就是个笨蛋"的话，就会让他经常犹豫不决，缺乏进取的动力。如果这件事果真失败了，就实现了"笨蛋的自证"，他就真的变成笨蛋了。

这就是"想法会改变行为，行为会改变命运"的意思。消极的思维，总是阻碍人，让人停滞不前。积极的思维，总是推动人，让人勇往直前。

这也是让你体会不同情绪感受的目的，大多数人的情绪语言贫乏得可怜！

情绪的解析

产生情绪时的心理实况

造成我们不了解自己到底产生了什么样的情绪的原因还有一个——产

生情绪时，人往往会经历一系列的情绪连续地起伏变化。也就是说，在我们的内心中，往往不是某一种情绪单独出现，有时甚至是一种情绪诱发出另一种情绪，一系列的情绪就像波涛一样，此起彼伏地连锁出现。

可以说，人同时会产生多重情绪。所以人在受伤时，那种感觉是五味杂陈的！

比如，邻居家养了一条藏獒，每天晚上准时"呜、呜、呜"地吼叫。你的睡眠，就被这吼叫声摧残得七零八落，那种夜不能寐的感觉，真是让人抓狂。

那天晚上，那藏獒的吼叫声又如约而至，你被吵得心乱如麻。而明天，你却要和一个非常重要的客户面谈。

此刻，你在想什么？

你在想："今晚千万不要再睡不着啊，明天的事情真的耽误不起。"越这样想，那狗叫声就会越清晰地传入你的耳朵，就像毒药一样腐蚀着你的肝肠。"我要不要和他们谈谈？"这个念头肯定会反复折磨你。但很有可能，你会决定说："还是忍一忍算了，也许那条狗再叫一阵子就不叫了。"

可是，停了没几分钟，那令人心神不宁的"呜、呜、呜"的吠叫声再次传来，就像雷鸣般地，瞬间就撕裂了夜的宁静。你看看时间，都已经一点多钟了，有点太晚了！你真的想去和邻居谈谈，但又怕把邻居从梦中吵醒。想来想去，你最后下定决心：还是第二天去吧，去找邻居好好谈谈这个事，长此以往不是事啊。你蒙住头，决定今晚就这样吧："算了，睡吧！"

可是，你真的能安稳睡着吗？可能不会吧？现在导致你失眠的可不只是狗叫声，你在纠结：到底是该直言不讳还是熟视无睹呢？

因为直言相告，你会担心你们是不是能心平气和地谈下去？万一发生了争执，进而情绪爆发、擦枪走火怎么办？最后事情可能不但不能如愿改善，反而会变得更糟。这就是为什么你想来想去，还是决定要明天去说，而不是现在。

想到这种场景，你感到一丝丝的担心在纠缠你。毕竟你的邻里关系是不错的，"难道真的要去扮演一个坏人吗？"想到这点，你是不是又有些犹豫不决了？"我的反应不会有点过于强烈了吧？"翻来覆去，思来想去，最终，你再度改变了主意，决定还是什么都不说，闭嘴才是上策。做出这个决定之后，你刚刚还紧绷的神经放松下来，整个人都如释重负。

然而，就在你全身放松、昏昏欲睡之时，那条该死的狗又开始"呜、呜、呜"地大叫起来。于是，新一轮的思想斗争再度拉开帷幕。

😉 情绪清单法

面对邻居家的狗叫，也许我们愤怒了。但当这样一分析，我们会发现，所谓的愤怒背后，各种情绪就像一锅粥一样，在我们内心翻江倒海。这时，一个很重要的工具就出场了——你应该列出一个"情绪清单"，如表6-1所示。

表6-1　情绪清单

情绪	原因

这个清单的使用方法很简单。只要你把当时感受到的各种情绪详细地列出来，同时问自己，是什么原因让自己感受到这种情绪，就能有效使用。

我们来看看被邻居的狗叫吵到夜不能寐的你，会有什么情绪呢（见表6-2）？

表 6-2　情绪清单（被狗叫吵到）

情绪	原因
烦躁 / 愤怒	狗持续地叫，导致无法入睡
焦虑	睡不好，明天见客户可能会表现糟糕
不解	邻居为什么放任这条狗一直叫
担心	可能会沟通不好，相互吵起来
尴尬	直接说邻居不好，会扮演一个坏人
无奈 / 自责	神经太敏感

当列出清单时，你会发现，你同时产生了这么多情绪：烦躁、愤怒、焦虑、不解、担心、尴尬、无奈、自责……

首先，面对邻居家的狗叫，可以说你是有些愤怒的。毕竟，这个叫声就是让你无法入睡的病根，它就是"诱发性事件"。但同时，可能更多的是烦躁吧？而烦躁和愤怒是两种概念。可以说烦躁是你的第一层情绪，是烦躁导致了你的愤怒。

其次，因为明天要见重要的客户，现在却连觉都不能睡，你倍感焦虑：自己如果状态不好，处理不好和客户的关系，这很可能会影响客户的满意度。如果客户真不满意，这么重要的客户，今年的业绩和年终奖可能就泡汤了。而你，去年就没有达成目标，绩效面谈时老板就不客气地告诉你说，今年如果达不成，你就卷铺盖走人吧！

再次，也有你对邻居的不解！这条狗，天天叫，夜夜叫，如此扰民，难道他们不能采取措施吗？你再怎么喜欢狗，也不能影响别人呀！

同时，你又有些担心。因为如果真的去找了邻居，是不是会产生情绪大爆发，擦枪走火？如果情绪爆发，以后的邻里关系怎么处？说实话，你平时和邻居见面时都是很和善的，这么友善的邻里关系，突然直接跑过去，说人家不好，会让你心里有一点点尴尬。

另外，你自己也很无奈。这个神经过敏的毛病一直没有好转，晚上睡觉，稍有风吹草动，就会失眠。尤其是看看熟睡的孩子和爱人，你更是感到有点自责。

当理出这样的情绪清单时，你会大大地松一口气，因为你再也不用进行激烈的思想斗争了。一切是如此的清晰，这简直是一个重大发现。

我们不是只会被愤怒驱使的野生动物，而是同时具有多种情绪的，多愁善感的活生生的人。这样，我们就实现了对自己的重新审视，这是一个认识自己的过程。当实现这样的认知，我们就很难再被愤怒冲昏头脑。而只用愤怒来驱动行为，很可能无法得到我们想要的结果。

这时，我们完全可以找到邻居，和他谈谈一直萦绕心头的担忧："你知道，我们关系一直都很不错。所以对我来说有点尴尬，也不知道适不适合谈。就是你家小狗，晚上总是在叫，让我很焦虑。因为我是一个神经过敏的人，失眠这个毛病一直改不过来，稍有动静就会醒来。"

你看这样的谈话，你没有只谈愤怒，而是综合谈了你的各种情绪。这样，就不容易让谈话变成一场你死我活的较量，更容易促成彼此的相互理解。这也能让对方对狗叫这件事有一个更客观的评估。

情境案例应用

孙善珍的心理实况

让我们用这个工具来分析一下孙善珍吧，案例详情见附录B：好心没有好报。

在这个案例中，当李部庆在大家面前说出孙善珍的隐私时，孙善珍没有吱声。没吱声不代表没想法，只是她想要压抑住自己的情绪。但这种压抑又是那么困难，当李部庆主动关心时，就像帮她打开了大坝的闸门，她恶狠狠的一句"不关你事"，就暴露了内心的真面目，立即就引起了两人的纷争。那么李部庆在说"孙善珍妈妈生病了"的时候，孙善珍是怎么想的呢？你是否能使用我们的"情绪清单"，独自梳理出孙善珍的情绪呢？

如果孙善珍能够如表6-3所示一样梳理一遍自己的情绪的话，她就会发现，当李部庆当众暴露自己的隐私时，她的确感到了愤怒，因为她被李部庆的行为伤害了。

表 6-3　情绪清单

情绪	原因
愤怒	李部庆对我造成了伤害
委屈	隐私被当众暴露
担心	同事可能会嘲笑我
尴尬	在同事面前抬不起头
害怕	和李部庆沟通，李部庆不认可，会影响和他的关系
自责	没有告诉李部庆，这件事情不能跟大家说
后悔	当时要求李部庆给加班时间，太鲁莽了，没考虑周全

但如果细究这种愤怒，那是因为她受了委屈，是委屈的情绪转化成了愤怒。她在心中责怪李部庆。自己最初对李部庆能够答应帮忙，多么感激涕零。而现在李部庆竟然当头一棒，刹那间就让她魂飞天外，感觉天都要塌下来了。

同时她也很担心，自己的家事被同事知道了，同事可能会嘲笑她。而她，一直是很要强的，希望在各方面，同事都能给她正面的评价。

所以，当时她抬头看了看同事，感到无比尴尬，感觉同事的表情就是在嘲笑她，她真想找个地缝钻进去。其实这完全是她的猜测，但她会相信这样的猜测。

而且，她不敢当面指出李部庆的错误，她害怕这样会影响她和李部庆的关系。那么以后可能就没好日子过了，毕竟人家是领导。

仔细想想，她有没有自责？其实当时一闪念间，她是有过自责的：怎么当时就没有提醒李部庆，这是我的隐私呀！虽然我们不是她肚子里的蛔虫，但是我们都有过类似的体验。

最后，她有些后悔，后悔当时不应该告诉李部庆，让他多给自己些加班机会。现在造成这样的后果，真是把肠子都悔青了。

如果她能够这样分析，一定会让她的愤怒减少。同时，又让她再谈论起自己的情绪时，多一份从容。

那么当李部庆来主动关心她时，也许她会这样说："其实，我是有点纠结的，也不知道该不该和你谈这样的事。因为我担心和你谈了，可能会影响我们之间的关系。但是我还是想和你说说，因为我感觉受到了伤害。你知道，那天你在大家面前说我妈妈生病的事情，其实这是我的隐私，就是这件事让我感觉受到了伤害。当时我感觉很委屈，因为我非常不愿意我的隐私让别人知道。他们知道了我的隐私，我觉得很尴尬。当然，这个事情我也有责任，当初也没告诉你，这个事情是不可以告诉大家的。"

这样的表达，敌意就消失了，不会让人感觉出言不逊，也就不会引起李部庆本能的自我防卫。

😊 如何应对情绪化的人

那么，如何应对情绪化的人呢？一个人突然冲上来，又哭又闹，满口语言暴力，甚至指着你，给你贴标签、道德绑架、羞辱你，怎么办？

就像面对孙善珍的"情绪化行为"，李部庆当时就觉得简直是六月飞雪，那种委屈与无助瞬间就把他包围了。他感觉：真的是没办法了，这个人怎么能这样？不得不把她顶撞回去：你孙善珍太玻璃心了，一上来就攻击人！

这就是说，孙善珍的"情绪化行为"引起了李部庆的情绪，让他感到极度痛苦，进而采取"情绪化行为"来反击。而且，孙善珍的行为也帮助李部庆为自己的"情绪化行为"找到一个很好的借口。我为什么说她玻璃心？你不看看她，上来就攻击我，说我显摆自己，我一片好心呀！

找到这个借口，李部庆就会心安理得地认可自己所有的粗暴。

此时，两人都展现的是"情绪化行为"。完全是半斤八两，彼此彼此！

我们可以说，面对孙善珍的"情绪化行为"，李部庆是缺乏合适的应对方法的。

我们来看看当时他是怎么应对的！

当他说自己是出于好意的时候，他发现孙善珍并不接受。那么在说自己是出于好意时，李部庆心里是怎么想的？

他认为，我给你解释一下"我是好意，我需要让大家知道，我为什么这样做"，你孙善珍就应该接受。事情到此也应该结束了。

这就是错误的核心！

我们也是这样吧？我们常常会认为：当我们无心犯错时，只要我们给对方解释了，我们这样做是好心，不是故意的，他们就应该接受，就不应该再怪罪我们了。

而且同时，他还犯下了第二个错误。

当孙善珍告诉李部庆说："哼哼，你没羞辱，那你怎么把我妈妈生病的事情告诉别人？你问过我吗？"他心里是顿了一下的，其实他能感受到这件事情他是有过错的。但他却没有承认自己的错误，反而是针锋相对地给孙善珍贴标签——"玻璃心"，然后用质问的口气来解释。这样的做法，怎么能让孙善珍理解并接受？这只会火上浇油，让事情一发而不可收拾。

那我们如何避免这两种错误呢？

还是来分析一下孙善珍说的另外一句话吧。

在案例中，孙善珍说："你就是显摆你自己，显摆自己是个好领导。你不就是想要羞辱我吗？你给不给加班机会我都不在乎。"

其实这句话包含了三重含义：

（1）你是坏人。

（2）你的动机也很坏。

（3）我受到了伤害。

李部庆不分青红皂白，上来就否认第一条和第二条。这样的否认，意思很明显：你孙善珍所说的是错的！

这样做，其实是一种较真的行为。这话，被情绪主导的孙善珍根本就无法听得进去。听到她耳朵里，一定会认为你李部庆是在狡辩，必然会产生更大的抵触情绪。

而这点可能是李部庆所不了解的。

更何况，当李部庆直接否认前两条时，他关心的是什么？

我们可以断言，他肯定是不关心孙善珍受到了什么伤害的，更不关心到底自己的什么行为对孙善珍产生了伤害。他唯一关心的是自己受到了伤害。这分明是一种对抗的姿态，是面对指责时的自我防卫。这样的方式，不论你的逻辑多么天衣无缝、合情合理，都不能获得孙善珍的任何理解和原谅，只会加重她的敌对情绪。

虽然好心办坏事，他也是要对这个坏事负责的。毕竟是他说出人家的隐私，对人家造成了伤害。

所以只关注前两条，别说孙善珍无法接受，你我都无法接受。

况且，李部庆要明白：孙善珍说她受到伤害是事实，而她认为你是坏人，以及她认为她知道你想要伤害她，却是她的观点。事实层面的讨论，能够去伪存真；观点层面的辩解，很容易陷入是非对错的纷争之中。

所以这里的核心，李部庆应该听到的是第三条，去理解她受到了伤害，去理解她在这种伤害下痛苦的心情，去了解在这种心情背后的需求。

这才是面对情绪化的人来指责我们时，我们应该采取的合适的策略和态度。

当然，并不是说我们不要向对方解释自己的行为和动机。这种解释，只有选择合适的时机来说明才是合适的。当孙善珍在指责你的时候，她可是完全处于防卫状态之中，你的解释她是听不进去的，时机的选择是完全不合适的。

只有当李部庆真诚地去理解孙善珍受到的伤害，而且能为自己无意的伤害进行道歉，让孙善珍处于被理解、被接纳的状态，她才能慢慢放下防卫，才更容易接受你。这时候再解释也不迟。

当然，李部庆这么快就进入自我防卫状态，也是因为他面对孙善珍的攻击时，没来得及使用"情绪清单"来分析自己的情绪。在这电光火石的瞬间，这样的分析是非常有价值的，否则，就会完全被情绪压倒。

你可以帮助李部庆，分析一下他的"情绪清单"吗？

本章小结

采用压抑策略，并不能让我们把情绪轻易地抛诸脑后。

情绪是内心的一种情感！但在不同的情境下，很多人表现出来的却都是愤怒，那是因为他们不了解自己产生了什么情绪。

要想更清晰地了解自己产生的情绪，首先应该建立相应的情绪词汇库，用不同的词语来界定情绪。然后，当产生情绪时，就主动把不同的词语与相应的情绪建立联系。

产生情绪时，人会经历一系列的情绪连续地起伏变化。使用"情绪清单"可以把我们当时感受到的各种情绪详细地列出来，这样就不会再被单纯的愤怒冲昏头脑。这样做，再与对方谈论我们的情绪时，就弱化了我们的敌意。

当不得不面对一个情绪化的人时，自我辩解只是面对指责时的自我防卫，是无法化解对方的情绪的。我们应该去理解对方痛苦的心情，去了解在这种心情背后的需求。

第七章　主观的评价

人心中的成见，就像一座大山。

——《哪吒之魔童降世》

在电影《哪吒之魔童降世》中，我们看到申公豹跳不出人心中的成见，敖丙跳不出人心中的成见，哪吒也跳不出人心中的成见。

这个人心指的是谁的人心？

是除了自己之外的其他人。对于哪吒来说，就是陈塘关的百姓。不论他是善是恶，是仙是妖，百姓看到他，第一反应就是恐惧与仇视，接下来的行为就是逃跑或追打。这种恐惧与仇视，就是他们心中的成见。

每一个人都会有成见，都可能会对别人产生不公正的评价。正是这种个人化的"主观的评价"，让他们产生了不同的情绪。

是谁让你如此愤怒

好汉的愤怒分析

让我们再来看看鲁提辖的故事，案例详情见附录A：鲁提辖拳打镇关西。

请问鲁提辖为什么会产生情绪？

如果让鲁提辖来回答，他会说，还不是因为郑屠那个"腌臜泼才"伤天害理吗？不杀，不足以平民愤；不杀，不足以解心头之恨！在他眼里，郑屠的恶行，是让他产生情绪的诱因。

相信很多人也是这么认为的。这样的看法，叫作归罪于外，认为是别人的行为，让我们产生情绪。

这个观念，本书已经强调多次了。

我们回到《水浒传》原著。当时，翠莲在诉说自己的血泪史的过程中，在场的一共有5个人，包括翠莲父亲、吃酒的鲁提辖、李达和史进，还有一旁的酒保，都在听她哭诉。翠莲父女是镇关西事件的当事人，具有共同的立场，他们的观点是一致的。酒保只是个无关紧要的路人乙，对他来说，明哲保身更重要。但同样是梁山好汉，鲁提辖、李达和史进三人对这件事的反应是非常值得玩味的。

当翠莲的哭诉完毕，对于他们三人来说，"诱发性事件"是一样的。但鲁提辖早已出离愤怒，甚至当下就决定要去杀人了，而同桌吃酒的李达和史进并没有产生同样的反应，而是三番五次上前劝阻他。当时他们心里在想什么？是不是觉得鲁提辖太冲动了？面对翠莲的遭遇，他们是怎么看的？书中没说，但我们可以猜测：他们会不会感到好奇——到底是怎么回事？会不会觉得可怜——翠莲父女竟然有这样悲惨的遭遇？会不会觉得不解——镇关西这人到底是怎么想的？

这就说明，不是郑屠让鲁提辖愤怒，而鲁提辖自己让自己愤怒的。

😠 愤怒的成因

其实，不论别人的行为多么不可理喻，都不是让我们产生情绪的原因。他们没有牛不喝水强按头——按着脖子，让我们情绪化。

让我们产生情绪的能且只能是我们自己，是我们自己让自己委屈、烦恼、生气的。

你可以接受吗？

比如，你走在路上，一个长得像鲁智深一样的人冲着你，骂你神经病。无缘无故被人这样羞辱，相信大部分人都会感到无比的愤怒，会骂回去，甚至会揍他。但是同样的情况，当你事先知道，其实这个人本身就是个神经病，你还会骂回去吗？还会去揍他吗？

不会了！

这就说明情绪来自内部，而不是外部。不是别人让我们有情绪的，是我们自己让自己有情绪的。是我们自己对这件事的看法造成我们产生了情绪。

而这个看法就叫"主观的评价"。

评价不同，产生的情绪就不同。不同的情绪，就会产生不同的"情绪化行为"。

原来如此，不是别人的行为让我们产生情绪，是我们的评价让我们产生情绪。

但这样的评价，有时候却不够准确和客观。那是因为人在情绪状态下的心理特征和理性状况下的心理特征是有显著差异的。理性状况下，面对事情，我们都会前思后想，深入分析，速度一般比较慢，但评价却更加客观和准确。就像反复调整相机后，拍下了一张清晰的照片一样！然而身陷情绪之下，由于自我保护的本能，甚至你还不了解到底是怎么回事，身体已经做出反应了，所以这种评价只依赖于第一印象，而不会进行任何细致的分析。它是一种快速的、简化的评价，但却一定很不准确。就像抢拍时，拍下一张一团模糊的照片一样。

所以才叫"主观的评价"。

这是一个很重要的认知。因为我们发现，当人能够及时发现自己处于情绪中，主动修正"主观的评价"后，情绪也会随之消失或减弱！

情绪管理的方法，可能应用最广的，就是一个古老的"情绪ABC理论"了。这个方法是理性情绪行为疗法（Rational Emotive Behavior Therapy，REBT）的创始人阿尔伯特·埃利斯（Albert Ellis）在20世纪50年代提出的。

我的恩师杨文彪先生说："管理学就是分类学。"其实"ABC理论"就是从时间维度对情绪进行了分类：当外界诱发性事件A（Activating Events）发生时，由于我们个人对事件的解读、评价B（Belief），让我们产生感受和行为C（Consequence）。

"ABC理论"很重要的价值就在于，它强调不是A导致C，而是B导致C。这里的B（Belief）说的就是本章的"主观的评价"。"ABC理论"的核心方法就是让人用理性思维来修正B（Belief），来对抗作者总结的三种病态思维，让人不要走极端。其实就是在修正"主观的评价"。

主观评价的特点

那么鲁提辖对郑屠有什么评价呢？

他对郑屠的评价很简单，就是他给人家贴的标签——"腌臜泼才""这厮"。

这样的标签，我们在讲"情绪化行为"时也提到过，说这是一种语言暴力。怎么到现在又变成了"主观的评价"了？是不是和前面"情绪化行为"阶段有重复？

不重复！

当我们把对对方的评价烂在肚子里时，这些就只是我们"主观的评价"。但当祸从口出，我们把这些评价说出来时，就变成了语言暴力。"主观的评价"是因，"语言暴力"是没管住嘴时候的果；"主观的评价"是里，"语言暴力"是表。所以这两块是前后辉映、内外相衬的。

这也说明了，为什么修正了"主观的评价"后，人的情绪化会降低。就是因为"情绪化行为"与"主观的评价"具有这样的因果效应。修正"主观的评价"，具有釜底抽薪的效果！

同样，这也说明为什么有人会说容易情绪化的人比较简单，甚至更好相处。因为容易情绪化的人，当有不满时，不会有较多的思考与操作，一时心直口快，就把自己内心的想法说出来了。而且不需要你去费神猜测，说的肯定是真心话。

破除"是非对错"的思维

妖魔化的第一种原因

我们知道，"腌臜泼才""这厮"，这样的评价是带有侮辱性质的，具有极度的贬低意味。"主观的评价"阶段就是这样，我们不但会否定对方，说他是错的，而且还会极力贬低对方，侮辱对方，把对方说成是自私的、无理的、顽固的、愚蠢的、虚伪的、幼稚的……

其实这是一个对对方进行妖魔化的过程，让他完全变成一个十足的坏人，乃至十恶不赦的牛鬼蛇神。

什么原因会让鲁提辖如此妖魔化郑屠？

有两个地方，会让他对郑屠产生如此贬低性的评价。

（1）他听说郑屠的行为非常可恶："先上车，不买票"，还要索要无中生有的典身钱。

（2）你一个杀猪的郑屠，竟然敢叫镇关西，这让他非常反感。

我们先来看第一条。

首先，"先上车，不买票"，不给钱还要让人家倒贴的行为。这件事如果是真的，相信有正义感的人都会对这种行为感到不齿，甚至义愤填膺，而不仅仅是鲁提辖！因为这样的行为不符合社会上对人的普遍期待。这些期待有可能是明文写下来的，如制度、规章、法律；也有的不一定会明文写下来，如道德、习俗、文化等。

我们很小的时候，如果父母教导有方，作为经验的传承，就会教导我们基本的礼仪、与人相处的规则，以及一些淳朴的价值观。周围的人，也会给我们灌输他们持有的价值观。比如鲁智深的"义气"，很可能就是和他一块打家劫舍的"兄弟"共同持有的价值观。甚至影视剧、书本、学校、公司等，都可能给我们灌输不同的价值观。

慢慢地，我们就会被塑造成某一种人！

当有人违背这些我们认可的价值观时，我们就会无法理解，就会产生厌恶、蔑视等情绪，会居高临下地认为他这样的行为是错的，是不应该的。我们就想要教育他、批评他，让他改正。

再来看第二条。

郑屠竟然叫"镇关西"。在原书中，第二天鲁提辖去打死他的过程中，嘴里说："洒家始投老种经略相公，做到关西五路廉访使，也不枉了叫作'镇关西'！你是个卖肉的操刀屠户，狗一般的人，也叫作'镇关西'！"

我们可以看出，鲁提辖一点都瞧不起郑屠，认为他是"狗一般的人"，不配叫"镇关西"。叫了"镇关西"，起个夸大点的绰号，都会让鲁提辖感到无比厌恶和生气！

这样评价的背后，有两层原因在起作用。

首先，仍然是社会给鲁提辖灌输的价值观在起作用。在他生活的那个时代，国家把人民分为"士农工商"，重农抑商是基本国策，商人是最低等的阶层。所以，从本能上，鲁提辖就瞧不起郑屠。

其次，那是因为"镇关西"这样的叫法，违背了鲁提辖个人所拥有的价值观——你的绰号，应该和你的层次匹配。他是无法接受别人绰号中自吹自擂的成分的。

而你郑屠不按我的想法做，就是错的。我要教训教训你，让你知道错了。如果当时郑屠的绰号叫作"郑阿猫""郑阿狗"，也许鲁提辖下手会轻一些。

因此，我们就明白了鲁提辖之所以会对郑屠进行妖魔化的原因：

（1）郑屠违背了社会普遍的价值观，而这种价值观是鲁提辖也认同的。

（2）郑屠起了一个与自己身份不匹配的绰号——"镇关西"，违背了他个人的价值观。

那么当时，在对郑屠进行妖魔化的时候，鲁提辖怎么看待自己呢？

替天行道！仿佛自己就是正义的化身，英雄侠士的代言人，在世的活雷锋，救世主一般的存在。他会优越感爆棚，一切冠冕堂皇的理由都可以套在他身上。

所以，正是鲁提辖所拥有的价值观，在指导他来评判周围的人和事。是价值观让他用是非对错的观点来看待这个世界。在价值观的指导下，他会把人看作是"对的""错的""正直的""不正直的""勇敢的""懦弱的""仗义的""奸诈的"……

当别人的行为不符合他的价值观时，不论这种价值观是社会给他的，还是他自己形成的，他都会认为自己是正义的、高尚的。同时会对对方产生厌恶情绪，进而进行妖魔化，认为对方是绝对错误的。

当他这样想时，正义感就会给他的身体充气，让他膨胀成一个充气娃娃。既然你郑屠都是"腌臜泼才"了，而我鲁提辖，正义的化身，大义凛然地对你为所欲为不就是很自然的事情了吗？

可是我们知道，其实在他手下，很可能并没有什么正义可言，他只会用盲目的替天行道来伤天害理。这样的正义感，只是他为自己的暴行找到了堂而皇之的理由罢了。

这就是我们对别人进行妖魔化的第一种情况。

价值观的作用

我们在与人相处时，也会有这种情况吧？把自己化身为正义的代言人，同时，把对方看成冥顽不灵的坏人。

其实，每一个人都有自己的价值观。在这些价值观的指导下，我们相信什么样的行为是对的，什么样的行为是错的，人应该如何对待他人才是合适的。

这些价值观就成为我们行为的指导准则。

　　我们产生的任何行为，无论在别人眼里是对是错，是好是坏，在我们自己眼里，都是堂堂正正、理所应当的。那是因为，只有这样的行为，才符合我们的期待。

　　平日里，那些与我们相互认同的人、打得火热的人，价值观往往和我们是一致的。价值观会像触须一样，让我们去寻找和我们相似的人。因为当价值观一致时，双方很容易就对彼此的想法心领神会，就更容易达成共识，更能长久保持友善与和谐。

　　但是，我们并不能保证每个人的价值观都和我们是一样的。

　　当不同的价值观相遇时，如果他人没有按照我们的期待行事，我们就像突然遇到了外星人，无法理解对方的行为。我们会觉得简直匪夷所思，会自然地认为对方所做的一切都是错的，然后给对方贴各种标签："一根筋""脑残""二货""大嘴巴"……

　　差评就如影随形而来，愤怒就油然而生。

　　此时，我们就可能会表现得像个警察，化身为正义的卫士，希望来维护自己认为正确的价值观。为此，我们甚至不惜与对方发生冲突，希望通过指责，强迫对方来接受我们的观点。过程中可能会非常咄咄逼人，会大量使用绝对化的字眼，就是想要对方承认错误，放弃幼稚的想法，改变愚蠢的行为。

　　如果对方还不改变，我们就会认为对方理应受到惩罚。

　　比如，到底是该"和孩子做朋友"，还是应该"对孩子要严格要求"？这就是两种相互冲突的价值观。冲突产生时，我们就会要求对方必须按照我们的想法来做。但难度就在，对方也有自己的价值观，他并不会轻易认同我们的看法，他也会要求我们按照他的想法来做。

因此，即使我们提出要求，可能依然会看到对方在我行我素，并没有按照我们的要求做。

面对这么尴尬的情况，我们会怎么评价对方？

我们就会像鲁提辖一样，认为这家伙是"顽固的""愚蠢的""自私的""不讲道理的"……在内心对对方进行各种妖魔化。

其实，这种价值观的差异，我们几乎每天都会碰到。

平时，哪怕吃饭时端上一盘臭豆腐，都会有人说"好香啊"，也会有人说"好臭啊。"同样是臭豆腐，这么点儿小事，大家的差异都是如此之大。

所以他们的看法和我们不一样，不是因为他们疯了，只是因为他们不是我们。所以不论你有多么合理的理由讨厌臭豆腐，都不应该成为人家不吃臭豆腐的理由。

😬 破解价值观差异

面对价值观的差异，怎么破解呢？

成年人的价值观相对比较稳定，非常不容易改变。所以面对不同的价值观，我们首先应该采取的措施是筛选。

尤其是那些未来要和你朝夕相处、长期共事的人，比如另一半，比如下属，比如你要进入的公司。他们是你无法逃开的人，未来的日子里，他们会和你一起来构筑生活，共同来履行职责。在你们朝夕相处的每时每日，可能都会产生一堆堆的事情，他们对这些事情的见解，很有可能和你的想法截然相反。而你们却都强烈地希望能够按照自己的期待行事。

冲突就会产生！

只有筛选，才能保证彼此的看法不会大相径庭，冲突也就不会大到把你们撕裂。

人本能上都喜欢和自己一样的人。

可能有人会说，差异就像齿轮一样，有了差异才能啮合，我就希望找到不一样的人来共同生活、彼此配合。其实那要看是什么差异，工作中，不同的人，存在技能上的差异，的确会让配合变得天衣无缝。

但价值观却不一样！

因为人与人相处，刚开始都有"蜜月期"，都会有那种如胶似漆的感觉。此时，当另一方展现出不同的想法和行为时，总是能够得到善意的理解和宽大的体谅，甚至会产生由衷的欣赏。

但"蜜月"过后，原来吸引你的地方，反而可能会像倒刺一般，变成了你无法理解的差异，让你牵肠挂肚、忐忑不安。

当忍耐达到极限，你就会驳斥对方幼稚与无知，就想要按照自己的标准去改造对方，把自己的观念强加给他，希望他接受你的处事原则，然后迷途知返。

战争就会爆发！

你又不是圣贤，并不能保证十拿九稳地改变任何人，哪怕是你的孩子！

与其这样，不如提前筛选，筛选出价值观和我们一样的人。

比如，和另一半在谈恋爱时，就要主动去识别价值观是否匹配；在招聘面试下属时，就要有专门的环节来判断价值观是否一致；在新的公司面试时，就要判断我们是否认同这家公司的价值观。一旦发现不匹配，哪怕对方让你一见钟情，让你的血液都凝固了，都要忍痛割爱。学会主动放手，谁都不要耽误谁！

就像吃臭豆腐，既然我喜欢吃，那我就找跟我一样的人去吃，谁让我们臭味相投呢。人家不喜欢吃，和你关系再好，也不能让人家忍着巨大的痛苦，彼此折磨！

这样就减少了多少麻烦？

接纳不同的价值观

可是，筛选的措施是有局限性的。因为很可能我们的另一半已经生米煮成熟饭了，下属已经在手下干了很多年了，而所在公司的待遇又实在让人无法割舍，但价值观的确就是不匹配，甚至有时候我们一看到对方就来气。文章读到这里，我们却不能立即抛下书，毅然决然地，先把另一半换了，再把下属开了，或者直接辞职不干了。这样做肯定不合适！

另外，这样的做法也不符合整个社会的主流认知，现在是一个鼓励差异的时代。面对不同的想法和观点，甚至是那些反对意见，这样的差异性有时反而会带来新的想法，产生创造性的解决方案。它能够帮我们避免重蹈覆辙，最终帮我们改善企业的体制，提升整个社会的包容性。

但是那些不同的想法，听起来是那么刺耳；那些不同的行为，看到眼里，更是把人气得七窍生烟。

又怎么破解呢？

我们看一下这个案例：

赵尔泰家上初中的孩子一直在偷偷地吸烟。这是他完全接受不了的。他曾多次尝试，来教育孩子，告诉他这样做是错的，希望他不要抽烟。可是事后，可能是孩子正在青春期，有叛逆的倾向，他发现他的话完全被当作了耳旁风，孩子依然我行我素。

而且最近，孩子的态度变化特别大。当他要提起这个事的时候，孩子直截了当，转头就走，"嘭"的一声把房门关上，对他使用冷暴力。

没想到，这样一件小事，竟然在他和孩子之间播种了一道裂痕，收获的是失望与憎恨。

难道他有错吗？他还不是为了孩子好？而且全世界的人都站在他这边。

但孩子对他的态度却冷若冰霜。

其实，这就是遇到了价值观冲突！

"枕头法"这个工具可能会对他有所帮助。这是一群日本小学生发展出来的方法，有4个边和一个中心，就像一个枕头，所以起名叫"枕头法"，如图7-1所示。这个方法就是让人分别站在不同的立场上来思考问题，包括：立场一，我对你错；立场二，你对我错；立场三，双方都对，双方都错；立场四，这个议题不重要；立场五，所有的观点皆有真理。

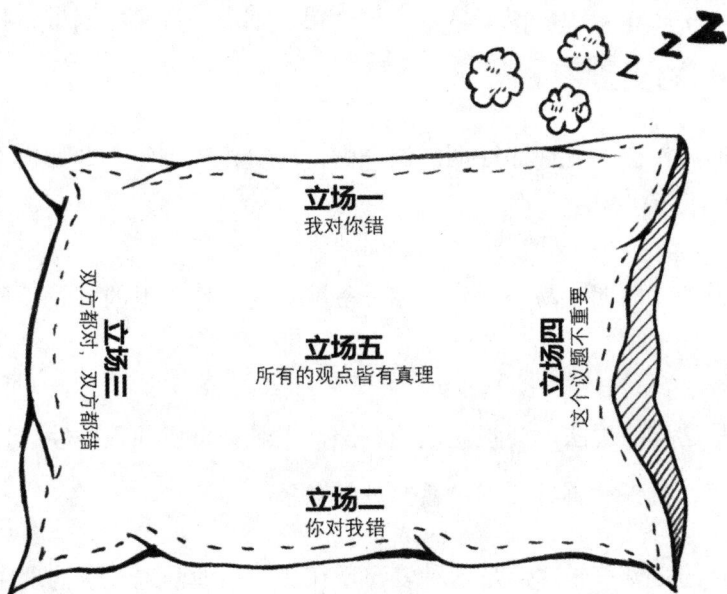

图 7-1 枕头法

这个工具，能让我们学会转换到不同的立场上看问题，目的就是不再让我们纠结于"我对你错"这个唯一的立场。这是一种绝对化的方式，这样下去，冲突只会愈演愈烈，并不能让事情如愿解决，哪怕是强迫也不一定有用。这样，在面对完全冲突的价值观时，我们就不会继续坐井观天，固执己见，把人都看扁了，而是能够慈悲为怀，海纳百川。

赵尔泰下定决心，强迫自己分别站在这些不同的立场上来思考。他度过了痛苦的几天，但是却得到了巨大的收获。我们来看看他会有什么收获。

立场一：我对你错。

这是赵尔泰本来就采取的立场。他有太充足的理由来证明自己是绝对正确的了！

你的年纪还太小，像你这么大的年纪，抽烟的都是坏孩子。我不想你也变成坏孩子。

你们学校也不允许你抽烟。这样做，违反校规校纪，老师也不会喜欢你。

再说了，抽烟容易得肺癌，你爷爷就是得肺癌去世的。我不希望你伤害自己的身体。

正是这样的想法，会强化他的意愿，来维护自己的正确性。让他动不动就教育、批评、强行要求，甚至处罚孩子。

他真的是爱孩子，但是这种爱，现在变成了他强迫孩子的理由。

立场二：你对我错。

此时要求他完全转换成孩子的视角，只认为孩子是对的，自己是错的。

这样做，是需要相当大的勇气的。但每次做这种立场的转换，不论我们做到的程度是深是浅，必然都会有新的发现。

我们来看看转换视角的赵尔泰吧：

我是对的，你甚至都不知道我为什么抽烟？我的几个朋友都抽烟，我不抽，他们会说我是胆小鬼。你也不希望我没有朋友吧？

我是对的，我喜欢那种独一无二的感觉。班级里很多胆小鬼都不敢抽烟，我敢！那是一种很酷的感觉。

而这些你从来都不愿意去了解！

我是对的。你以为我不知道吗？这样做可能是不对的。而且我也很担心，抽烟会让你和老师都不喜欢我。我也知道抽烟对身体不好。而且违反学校规定，学校会把我当作坏孩子看待。

我是对的。我不喜欢你的沟通方式。每次谈起这个事，你都是责备和批评，只会说我不好，只会强迫我。让我感觉就像犯了天大的错误，我觉得你这是对我的一种排斥。我不知道如何才能跟你坦率地说出心里话，我觉得和你简直无法交流。所以我只能采用冷暴力，拒绝沟通。

我是对的。你说你爱我，关心我，所以你就要这样说，这样做。但是我没看出来你的行为哪里体现出对我的爱了？批评就是爱吗？如果是这样的话，那我宁可这样的爱还是少一点更好。

这个过程并不容易，但只有这样完全转换到相反的立场来扪心自问，才能当头棒喝。

强制转换立场，让赵尔泰发现：

他忽然了解并理解孩子为什么抽烟了。他发现单纯这样纠结于是非对错，采取批评教育的手段可能并不会奏效。

他发现孩子采用冷暴力，拒绝沟通的背后，竟然有这么多的顾虑。孩子担心他根本就不接受自己的行为，担心他又会长篇大论地说教，担心他根本不关心自己，只会强迫自己，甚至会处罚自己。而这些都不是孩子想要的，孩子甚至不想因为要迎合他，说些冠冕堂皇的鬼话。

这些担心，其实都是事实！

如果此时再去与孩子沟通，他觉得自己可能不会再去采取语言暴力和行为暴力的方式了。因为他知道，仅仅想通过指责来达到目的，强迫孩子来接受他的观点，可能只会弄巧成拙，永远都解决不了问题。

他感觉自己想清楚了，他真正想要的是，能够开诚布公地与孩子来沟通，让问题解决。

立场三：双方都对，双方都错。

这是站在旁观者的角度来看待这件事情，让这件事，不再变成一个你死我活的、大是大非的问题。这样就能够让我们站在更高的高度来审视自己和对方。

当然，立场二打下的基础，对这一步是否有效会起到很大的作用。当赵尔泰转换视角来看待这件事时，他发现了什么？

你们两人争来争去，听下来，其实你们俩都认为抽烟不好。

你说的是对的，这么小的年纪就抽烟，会让人把他看成坏小孩的。而且的确是违反了学校的规定，对身体也的确不好。

孩子说的也是对的。他需要朋友的接纳，这是他社交的名片。他想要变成一个独一无二的人，得到别人的关注。这些想法都是对的。

你们两人也都有错。

你的问题是，沟通的过程使用太多的语言暴力与行为暴力。这样的方式和你想达到的目的是不符的。

孩子你的问题是，听不进去家长的话，采用冷暴力来拒绝沟通。这样会让你的父亲感觉无计可施，无比抓狂。你这是在考验他的耐心啊！

更重要的是：你们都没有做到真诚而坦率地沟通。出现语言暴力和行为暴力时，你们都很尴尬，但却从来没有考虑过如何采取合适的措施来避免沟通中断！你们解决问题的思路太单一了。

此时，赵尔泰豁然开朗，他发现自己已经能够用更客观的视角来看待双方了。他发现他采取的语言暴力和行为暴力，竟然和任性胡闹的孩子根本就没有区别。

立场四：这个议题不重要。

同样地，这也是站在旁观者的角度来看待这件事情，给我们一个冷静客观的头脑。我们来看看赵尔泰是否能够冷静客观：

你们都别吵了，这其实没什么可纠结的，这不过是芥豆之微的小事。你家孩子都两个月了，吸的还是同一包烟，你不想想，他可能只是想尝尝新鲜事物？同时，你再想想你自己，你上初中时是不是也抽过烟？你当时抽了几口，觉得真难受，就放下了。你们俩不都是好奇心驱使吗？根本不用当回事，至于这么小题大做吗？

你再仔细想想，你家孩子现在上初三了，现在最重要的是什么？考个好高中才是最重要的。上次就因为这事，你让他生了一晚上气，结果作业都没做。现在这个阶段，你可不能因小失大，小不忍则乱大谋。

更何况，你家孩子现在看到你就像老鼠见了猫。你不觉得可能害怕有之，厌恶也有之吗？这是你想要的父子关系吗？如果孩子仅仅是体验一下，尝尝新鲜，而你却这样小题大做，那么就更要不得了！这个小事，可真不能伤害你们父子间本来和睦融洽的关系。

想到这里，他忽然心胸开阔了，发现原来是自己有点大惊小怪，把这么无关痛痒的事情左思右想。原来所谓的"成大事者不拘小节"是这个意思！

立场五：所有的观点皆有真理。

这是我们在探索了四种不同的立场后，展开的美丽新世界。我们的思维早已不再纠结于"我对你错"的狭隘立场上了。此时我们完全可以敞开胸怀，接纳不同的人、不同的价值观了。我们会相信，对方这样想也无可厚非，他依然和我们一样，是个正常人。

回想起前面四种不同的立场，赵尔泰好像如梦初醒。

他觉得自己真的有点小题大做。他承认，他现在甚至不知道孩子为什么吸烟。他不再相信通过强迫的方式来和孩子沟通是对的。他忽然对孩子产生了巨大的怜悯，觉得孩子不被理解，不被接受，还得忍受父亲的语言暴力和行为暴力，那是多么痛苦！

他想要和孩子去沟通一下，但这次一定会是完全不一样的方式。

因为在他内心深处，已经学会了放弃，放弃他对孩子行为的不接受，放弃强行要求孩子改变。他不想把沟通变成一场蛮不讲理的说服。

他感觉如果此时再去与孩子沟通，他会带着宽容，不进行任何强迫，就想耐心地听听孩子的真实想法。他想让孩子感觉到，他说出的任何想法，都不会面临批评和指责。他希望两人在轻松的氛围中，能够让他带着好奇心，去了解孩子如何看待这件事情，了解孩子抽烟的原因，进入孩子的世界，了解孩子的处境。他甚至愿意去向孩子道歉。

他不会再急于求成，而是学会放慢节奏，保持耐心。因为他知道，当彼此接纳和心意相通之时，一切将迎刃而解！

使用这个工具，不必强求我们处于不同立场时的想法都和事实是一致的，就像我们处在立场一时的想法都不一定正确一样。关键就是我们要用它来帮我们打开可贵的上帝视角，让我们从非黑即白、非此即彼的怪圈中跳出，不再纠结于是非对错。

此时，方能见世界之大，沧海之阔！

"受伤"的解析

把人压垮的伤害

还有什么情况会让我们妖魔化对方？

我们再来看看孙善珍的故事，案例详情见附录B：好心没有好报。

早会上，当李部庆大声宣布孙善珍的隐私时，孙善珍简直像被雷电击中一般，浑身每个毛孔都"唰、唰、唰"地竖了起来。她的内心，犹如万把钢针穿过，撕心裂肺般地痛。那种窒息般的煎熬，彻底把她压垮了。

请问此时此刻，她在想什么？

"李部庆，你这个□□□□（此处作者删去8 000字）！你怎么可以这样？这样做实在是□□□□（此处作者删去1 200字），我可是被你坑惨了！你让我以后怎么做人？我真是太天真了，竟然相信你？"

不论是在当下，还是事后，她都会对李部庆怀恨在心，一直想着他最恶劣的一面，消极地看待他所做的一切。在她眼里，李部庆彻底变成了一个坏人。

在她看来，她产生情绪，完全是李部庆造成的。

同样地，我们仍然强调，虽然李部庆有很大的责任，但是否产生情绪，都是孙善珍自己决定的。是她自己制造了情绪，自己让自己感到羞耻、受伤和气愤的。

让你产生情绪的能且只能是你自己！

但是，身陷在情绪中的孙善珍是不会这么看的，她一门心思想的都是李部庆的错。在她眼里，李部庆是自私的、无理的、顽固的、愚蠢的、虚伪的、幼稚的……

而我们的情绪，就是和这样的评价直接关联的：对与错，好与坏，善良与自私，公平与不公平……当我们觉得对方善良、公平的时候，是不会有情绪的；但当我们认为对方自私、无耻的时候，情绪自然就会产生。

正是孙善珍认为李部庆这样的行为是错的、大错特错，愤怒情绪就如野火燎原般地不可遏制。

而且，她会相信这样的评价，从而会变得理直气壮。这就对她的"情绪化行为"进行了合理化：我为什么吼他？你不看看他那德行！他就是故意要显摆自己！他就是个恶棍！

让人感觉李部庆完全是咎由自取。

☺ 妖魔化的第二种原因

孙善珍为什么会认为李部庆错了，而且大错特错呢？

因为她受到了伤害！

这就是我们对别人进行妖魔化的第二种情况：当我们受到伤害时，我们会认为对方是错的，是恶人。各种标签、道德绑架、自我标榜、对比、指责、威胁、惩罚就会顺手拈来，语言暴力近在咫尺。

为什么在受到伤害时，我们会如此妖魔化对方？

让我们来继续分析。

孙善珍说："你就是显摆你自己，显摆自己是个好领导。你不就是想要羞辱我吗？"她说李部庆想要显摆自己，想要羞辱她，这说的是李部庆的动机。请问李部庆是真的要这样做，还是孙善珍猜的？其实是她猜的。李部庆到底怎么想的？恐怕也只有李部庆自己知道。但孙善珍不能把自己的猜测当作对方真的就想这样做。

让我们站在孙善珍的角度来思考，看看这个妖魔化的过程是怎么发生的：你李部庆为什么这样说？哦，这样会在大家面前显得你关心下属。这样做明明会伤害我，你还这样做？你是故意要这样的。这种做法是错的！不应该的！你就是个□□□□（此处作者删去3 000字）！

这样，她就主观地为李部庆的行为建立了因果逻辑。

这就是为什么孙善珍会认为李部庆故意羞辱他！

因为她感到自己受到了伤害，于是她就认为李部庆心怀鬼胎，包藏祸心，故意想要伤害她。

原来当别人对我们造成了伤害时，我们就会认为，对方是故意想要伤害我们的，进而对对方进行妖魔化。

😬 猜测的心理机制

事实上，我们经常会猜测别人的动机：比如我们觉得受到了忽视，就会认为对方故意忽视我们；我们觉得被讽刺了，就会认为对方是故意讽刺我们；我们觉得被攻击了，就会认为对方是故意攻击我们。往往这种猜测在一闪念间就形成了，快到我们都无法意识到这不过是我们的猜测。而这种猜测，就像一把锁，锁住了我们的心，让我们不愿意倾听，不愿意尝试理解对方。

孙善珍就是这样的！

同时，我们对对方动机的猜测，总是往坏的方面想。就像案例中的孙善珍，她的隐私被揭露了，她认为李部庆要故意显摆自己，要故意羞辱她。而不会去思考，李部庆其实不一定是有意的。

而且，当我们自认为猜测出别人的动机时，我们会非常坚信这个动机，同时会更加坚信对方是错的。这样的坚信，势必会影响我们的表达，不经意间，语言暴力就会脱口而出，开始指责对方，给对方贴标签。而且这种贴标签，特别容易指向对方的人品。就像孙善珍对李部庆的猜测——显摆、羞辱，你是故意的。让人自然就感觉李部庆的人品是有问题的。

当这种猜测化为语言暴力时，立即就会激发起对方的自我防卫，让对方依样画葫芦。因为对方和我们一样，他也感受到了伤害，从而会猜测我们的动机，而这种猜测也会往坏的方面想。

就像李部庆，当面对孙善珍的攻击，他自始至终都在为自己辩解。因为他感觉自己受到了伤害，从而认为孙善珍在故意攻击自己，而没去考虑，这不过是人在受到伤害之后的普遍表现。何况他觉得自己完全被委屈淹没了：当初安排加班时，我完全是一片好心呀。再说了，我也帮了你孙善珍这么大的忙，你竟然这么不知好歹？另外，即使我的行为可能对你是有点小伤害，也没什么大不了的，根本就无可厚非。你怎么这么快就忘恩负义了呢？

他们都在自我辩解，都在指责对方。结果就是双方都不认为自己错了，自己才是受害者。都在说对方的错，对方才是那个应该改正错误的人。

也许后面，他们还会再有数次的争辩。可是每次争辩，都不会让对方有些许的改变。只能让他们舔净伤口，给愤怒充电。

这势必会影响两人的关系。

画地为牢的"自我证实"

有时，这种相互指责，甚至会变成"自我证实"！

比如，孙善珍认为李部庆羞辱她，存心不良。后面在工作中，她就会用放大镜来细查李部庆的一举一动，甚至会怀疑对方任何善意的举动，来证实自己的想法。哪怕是对方无意的过失，也会被她放大成"刻意的羞辱"。一旦产生让她疑惑的做法，她就会说："你看，他果然不怀好意！"

包藏着这样的用心，他对李部庆的态度自然也不会好到哪里去。如果她时不时地恶言恶语、出言讽刺的话，就会加深李部庆的怨气。李部庆会忍气吞声吗？可能还会像上次那样继续发作起痴狂病来吧？这不就是真的存心不良了吗？不就真的证明了孙善珍的怀疑了吗？

另外，被指责说羞辱她，说存心不良，当时李部庆可真是受够了，完全被孙善珍气饱了。万一回去他耿耿于怀，咽不下这口气怎么办？万一他想采取报复行动怎么办？毕竟他手里可是有一点权力的，吴思在《潜规则》一书中提到，当权力自由裁量时，会产生合法的伤害：既然你说我羞辱你，那我就给你踏上一万只脚，真的羞辱给你看，让你永世不得翻身。比如，他在开会时大声宣布，加班机会不给孙善珍了。这就有点变本加厉了，真要进入恶性循环了。

这就叫"自我证实"！被指责的行为，会摇身一变，化为现实！

自利的偏误

那么在妖魔化李部庆的同时，孙善珍眼中的自己是什么样子？

　　她认为自己是李部庆愚蠢和错误举动下的一个受害者，受到了不公正的对待，非常无辜。

　　在把李部庆往坏的方面想的同时，她对自己还是非常宽容的。她认为自己只有委屈和不满，反而对自己的语言暴力视而不见。她会觉得，我的出发点完全是好的，你李部庆怎么就这么不知悔改呢？

　　这就是我们在情绪化时的双重标准：我们夸大了对方的错误与愚蠢，同时，对自己的错，却能够找到很好的理由来辩解。

　　事实上，对方可不一定是我们想象中的恶魔。我们也没有自己想象的那么圣洁，也不仅仅是单纯无辜的受害者。

　　我们在"情绪化行为"阶段，提到过"责任分析法"，就是要学会分析自己的责任。当孙善珍把自己变成受害者时，就掩盖了她的责任。所以她不觉得自己考虑不周是有错的，更不觉得不提醒李部庆也是有责任的。

　　李部庆也一样，当被孙善珍抢白时，他明白自己的确是犯了错，但他嘴里说的却是：我需要的是公平，只有大家知道了才公平，而且你孙善珍玻璃心。同样也为自己找了一个很好的借口来开脱，不认为自己有责任。

　　就像我们自己，当我们自己把事情耽误了，我们往往会说：嗨，我太忙了，安排不过来。当别人把工作耽误了，我们会认为他是故意的，他偷懒，他就不想做。当别人批评我们的时候，我们会认为对方脾气暴躁。当我们批评别人的时候，我们会说我们是为了他好。当别人开车超速时，我们认为这个家伙素质低。当我们开车超速时，我们会说："大家不都这样吗？"

社会心理学家把这种行为称为"自利的偏误"。其实这样的态度也是不公平的，而且很容易把人拖入泥潭，让你无法带着开放的心态和对方对等交流。

😊 减少妖魔化

本来，孙善珍希望通过沟通，来让李部庆了解她受到的伤害，然后让李部庆能够表示后悔，最后改正行为。但是，在对对方妖魔化之后，产生的"情绪化行为"，反而造成更大的纷争，一不小心就吵起来了。吵完后，两人不再主动接触，除非不得已，否则不打交道。

那么我们如何在受到伤害时，还能保持镇定，不对别人进行妖魔化呢？

我们知道，如果我们认为某人故意想要伤害我们，我们对他的态度一定是充满敌意的，很容易就恼羞成怒，行为也要严厉苛刻得多。有时，虽然有人伤害了我们，但我们知道，他心存良善，并不是故意要这样做的，那么我们通常都能够理解和接受。

所以，对别人动机的猜测，会决定我们产生什么样的情绪。

如果能防止我们猜测别人的动机，就能减少我们对别人的妖魔化，说不定就能化干戈为玉帛。这就要用到表7-1中的动机分析法。

表 7-1　动机分析法

我受到的伤害	对对方的评价	我猜测的动机	对方的行为	对方真实的动机

这个方法就是，在我们感觉受到伤害时，如果能够抓住自己对对方的评价，然后顺着自己猜测的动机，来寻找事实上对方的行为，进而来纠正我们的评价和猜测。它包含五部分内容。

我受到的伤害：我的具体感受和受到的伤害。

对对方的评价：内心给对方贴的标签。

我猜测的动机：由于这个伤害，我猜测对方的动机是什么？

对方的行为：对方具体说了什么？做了什么？

对方真实的动机：通过沟通验证，我和对方都认可的对方的动机。

当孙善珍听到李部庆对大家说"孙善珍妈妈生病了……"时，她已经受到伤害。但是，她说"你就是显摆你自己，显摆自己是个好领导。你不就是想要羞辱我吗"，这就是她对李部庆动机的猜测。而这种猜测，完全都是她主观的判断，却不一定是事实。把这样的判断说出去，很容易就演变成一场争斗。

要避免这种两败俱伤的互斗，她就需要及时进行动机分析，如表7-2所示。

从表中，我们发现，孙善珍受到的伤害，就是感觉自己的"隐私被揭露"了，"感觉很丢人"。此时，她眼中的李部庆，变成了一个"自以为是"的人，"完全是错的"，这就是她对李部庆的评价。同时，她猜测的李部庆的动机是"故意让我难堪"。

表7-2 动机分析法（孙善珍的分析Ⅰ）

我受到的伤害	对对方的评价	我猜测的动机	对方的行为	对方真实的动机
隐私被揭露 感觉很丢人	自以为是 完全是错的	故意让我难堪		

那么她是基于什么样的事实，来猜测李部庆的动机的呢？

分析到此，她就会发现，"故意让我难堪"是自己猜测的，其实是没有任何事实依据的。因为她只看到李部庆在大家面前说："孙善珍妈妈生病了……"这句话并不能证明李部庆存心想要让她难堪。她不能基于这样的事实来猜测对方。

表7-3 动机分析法（孙善珍的分析Ⅱ）

我受到的伤害	对对方的评价	我猜测的动机	对方的行为	对方真实的动机
隐私被揭露 感觉很丢人	自以为是 完全是错的	故意让我难堪	在大家面前说我妈妈生病了	

当然，这种猜测的确有可能是正确的。但正确还是错误，必须通过与李部庆沟通来确认，才能验证，才能了解对方的真实动机。这样把猜测的动机强加到对方头上，是一种扣帽子的行为，对李部庆绝对是不公平的。

只有她真的和李部庆进行了有效的沟通，轻松地谈谈她看到了、听到了李部庆的什么行为，告诉李部庆这些行为对她造成的伤害，并且向李部庆解释她猜测的李部庆的动机，然后主动求证李部庆真实的想法，才能了解李部庆真实的动机。

表7-3里对方的真实动机，要求必须是她和对方都认可的动机。因为在沟通的过程中，如果她不注意沟通方式，只顾指责人家，李部庆肯定是无法接受的。这种动机，就永远是猜测的。所以她应采取能让李部庆接受的方式，才能防止李部庆的自我防卫，也才能让她走近事实。

如果孙善珍不再质问李部庆，而是通过确认的方式来沟通会是什么样子呢？

李部庆："小孙，你妈妈的情况怎么样了？"李部庆一直都在关心着孙善珍。

孙善珍："哦，谢谢你，今天还在医院里，我姨在陪着，我也不担心。而且也感谢你能够帮助我，这样我有了四天加班时间。"孙善珍放弃了指责，而是先感谢李部庆的关心和帮助自己安排了加班。当然这要归功于她前面学到的"责任分析法"。

李部庆："这是我应该做的，你抽空也多陪陪阿姨，需要请假提前跟我说，我也好安排。有什么需要帮助的也可以跟我说。"孙善珍的善意，让两人在积极的情绪下沟通。到此，她也能看出李部庆的一片热心，人家都在帮她考虑照顾妈妈的事情了。

孙善珍心里暖暖地："好的，请假肯定提前跟你说。当然，我想说个事，是这样的，你能帮我，其实我是特别感激的。"这里她还是优先谈自己的感激，让李部庆放下防卫。"不过，你当时在大家面前说我妈妈生病了，你也知道，这是我的隐私，我不太愿意让大家知道的。"她只试探性地，陈述了自己看到的、听到的事实，说出了自己的感受，而没有把自己的猜测强加给对方。

李部庆一听就明白了："哦，小孙，我当时没在意，你是说你受到伤害了吗？"李部庆也需要改变沟通方式，他不需要去解释，而是要理解孙善珍的感受，他做到了！即使这里孙善珍在指责他，他也应该先理解孙善珍的感受，当确认对方接纳了自己，没有处于防卫状态时，再对对方的指责进行回应，才是恰当的方式。否则，就会变成辩解，双方都会迅速进入防卫状态。

李部庆的表达让孙善珍放下了防备："是的，我当时听了，心里挺不开心的，觉得把自己的隐私公开出来，感觉挺尴尬、挺丢人的。"孙善珍说出了自己的感受，以及自己受到的伤害。

李部庆明白自己的行为的确伤害了对方，他接下来的选择非常重要："哦，小孙，如果我的行为对你造成了伤害，我在此向你表示抱歉，你可以原谅我吗？"他仍然没有辩解，而且他知道，虽然自己是无心之失，但他的行为的确给对方造成了痛苦，他需要牺牲一点点面子，真诚地道歉，承认自己的错误，这样才是对自己的行为负责。这样的态度就能够赢取对方的信任。

孙善珍也是一个心软的人，听到李部庆的道歉，原来的责怪之心瞬间被抛到了九霄云外："我接受你的道歉，你当时也是为了帮助我，这点我是非常感激的。不过当时我是真的不开心，都有种感觉，你是故意想要伤害我的？当然，你也知道，这是我当时心急之下的胡乱猜测，可能是不对的，也有可能你并不是故意的。"在两人都能够接纳对方的情况下，孙善珍又说出了自己猜测的动机。同时她强调了"故意伤害我"是自己的猜测，这样说，就是在告诉对方，这只是猜测，是允许变更和修正的。而且她同时列出了两种可能的解释，这样给出选项的方法更容易维护李部庆的面子，更不容易让他感受到伤害。

李部庆："你能接受我的歉意，我很感动。"李部庆仍然需要为后面的沟通奠定良好的基调。"你也别担心，我知道这是猜测，也能理解你的感受。更何况，我的确伤害了你，我也要为自己的行为负责。"他也在安抚孙善珍的心情，这样双方都不会太敏感。"至于我当时的动机，说实话，我没有伤害你的想法。是我没有考虑周全，没有想到这样做是否会伤害你。只是想着你需要帮助，在早会上顺口就说了。就像你说的，这是无心之失。你也知道，我是个'直男'，做事效率高，但的确存在考虑不周全的地方。我也希望我们能够以后继续愉快地合作，你觉得可以吗？"

孙善珍通过确认，发现了李部庆的确是无心之失，并不是有意要伤害自己，之前的想法只是自己的无端猜测。再加上李部庆提到他是"直男"，想到他一直以来的做事风格，瞬间就完全理解了："那肯定愉快地合作了，你帮了我这么大的忙……"

这样，她对李部庆的动机分析，就完成了一个闭环。如表7-4所示，对方的真实动机：无动机，无心之失。

表 7-4　动机分析法（孙善珍的分析Ⅲ）

我受到的伤害	对对方的评价	我猜测的动机	对方的行为	对方真实的动机
隐私被揭露 感觉很丢人	自以为是 完全是错的	故意让我难堪	在大家面前说我妈妈生病了	无动机，无心之失

这次沟通能够成功，离不开两个人共同的努力，让整个沟通都处于平和友善的氛围中。他们都发现自己可以公开坦诚地表达自己的看法，分享自己的感受，说出自己的猜测，即使这种猜测有诋毁的嫌疑。因为他们知道，哪怕自己的看法多么荒谬绝伦，对方也会洗耳恭听，接纳自己的描述和观点，同时能够主动对自己的看法进行反思。

当内心烙下这样的认知，他们的沟通能力就会成倍地提升。

能取得成功，很重要的一个原因就是，孙善珍没有把自己的猜测当成事实，进而变成武器来肆意攻击。这样就不容易挑起李部庆的防卫倾向，让整个沟通处于平和的氛围中。其实每个人都会猜测别人的动机，只要像孙善珍一样，能够主动询问对方，愿意来修正自己之前的观点，就能避免很多情绪升级。

李部庆也做出了很大的努力，他放弃了自我防卫。面对孙善珍指出他的错误，他没有辩解，而是主动承担了责任。这是一种自信的表现，能够接受别人的质疑和否认，是有担当的表现。

本章小结

"主观的评价"是"情绪化行为"的因,属于内心中的"自我内言"。在情绪状态下的"主观的评价",是一种快速的、简化的评价。这种评价往往会有极度的贬低意味,是一个对对方进行妖魔化的过程。

价值观是我们行为的指导准则,会指导我们用是非对错的观点去评判周围的人和事。当别人的行为不符合我们的价值观时,我们会无法理解对方的一举一动,就会对对方进行妖魔化。

面对价值观差异,应优先使用筛选的策略,来选出和我们一样价值观的人。

如果筛选无法实施,那么就可以使用"枕头法",来强制我们转换到五种不同的视角来看问题。

立场一:我对你错。

立场二:你对我错。

立场三:双方都对,双方都错。

立场四:这个议题不重要。

立场五:所有的观点皆有真理。

使用这个工具,可以帮我们打开可贵的上帝视角,让我们从非黑即白、非此即彼的怪圈中跳出,不再纠结于是非对错。

当我们受到伤害时,会认为对方是错的,是恶人,将对方妖魔化,而且我们会认为对方故意想要伤害我们。这种猜测,总是往坏的方面想。

要想减少受到伤害时的妖魔化,就要用到"动机分析法",它包含五部分内容:

我受到的伤害；

对对方的评价；

我猜测的动机；

对方的行为；

对方真实的动机。

当我们感觉受到伤害时，要能够抓住对对方的评价，顺着自己猜测的动机，来寻找事实上对方的行为，进而来纠正我们的评价和猜测。

第八章　当下的需求

如果你想拥有美满的婚姻，那么就做一个能产生助力而非阻力的人，不要一味强求对方。如果你希望青春期的子女更听话，更讨人喜欢，那么先做个言行一致、充满爱心且懂得体谅的父母。如果你希望在工作上享有更多自由与自主，那么先做个更负责尽职的员工。

——史蒂芬·柯维《高效能人士的七个习惯》

情绪的根源

天大的喜讯，吴蜀代要恋爱了，他将要结束"单身狗"的生活了！

踏破铁鞋，在他的不断努力下，他梦寐以求的"女神"终于答应今天晚上陪他一块儿吃饭看电影。兴奋之情，流露于他的一举一动，一言一行。今天，他早早地查看好了地形，订好了鲜花，吹着口哨等在了约定的地点。

当时，离他们约定的时间还有一个多小时。爱会让人痴狂！

可是，到了约定好的四点钟，"女神"却没有"脚踏祥云"而来。而且发微信没回，打电话也不接。吴蜀代急坏了，担心、焦虑、愤怒各种感受一齐涌上心头，就像开了个杂酱铺，五味杂陈。

到了五点半，他已经像热锅上的蚂蚁一般了，焦急地来回踱着步子，慌张地扫视着路人。他万分纠结，自己留下来继续等？可能不合适！但是一走了之，不管不顾？可能也不合适！他甚至感觉自己就像一个傻瓜，这样被人耍弄！

就在这将要万念俱灰之际，那个期待已久的身影翩翩而至。吴蜀代锁紧双眉，迎上去说："你怎么回事啊？说好的四点钟，四点钟，你有没有时间观念？真是的！你来不及也要说一声的，发微信也不回，打电话也不接？没见过你……"连珠炮刚放一半，"女神"转身就走了，任吴蜀代喊破了喉咙也没有回头。只剩下他孤零零地，在落日的余晖下看着自己拉长的身影。

他觉得很憋屈，感觉非常不解：" '女神'明明错了，还不能说两句吗？我哪里错了？"另一方面又捶胸顿足："哎，我真是个笨蛋。"

此后，两人的关系陷入僵局。真是竹篮打水一场空！

这样的情绪失控，代价太大了！

我们可以看出，吴蜀代情绪失控，是因为"女神"来晚了。"女神"来晚了，造成了他对人家评价低了——"你有没有时间观念？"

为什么"女神"来晚了，他就对人家的评价低了呢？

那是因为他期待对方能够准时到达，当对方没有满足他的期待时，就造成了他对对方的评价降低。他认为"女神"是错的，完全错了！进而产生不耐烦、苦恼、愤怒等情绪！这种期待，我们就叫作"当下的需求"。

所以，造成我们产生情绪的根源，不是对方的行为，而是当下我们未被满足的需求！需求越是强烈，当不被满足时，产生的情绪就越大，进而我们产生的"情绪化行为"也就越激烈。所以"情绪化行为"，其实是为了满足需求的一种策略。不论是哭、是闹还是上吊，都是为了满足需求。只是对于一个成年人来说，这样的策略，并不一定能让他顺利地得到他真正想要的结果。

摆脱情绪的控制

轻松化解情绪

当发现自己有情绪时，要想不被情绪控制，关键是要思考：

（1）我真正的需求是什么？不要被错误的需求所主导。

（2）我应该用什么样的策略来满足需求？选择了合适的策略，才更容易被对方接受，才能顺利满足需求。

只有把这两个问题想清楚了，问题才能迎刃而解。

我们来帮吴蜀代复盘一下。

吴蜀代把"女神"埋怨跑，首先就是因为他被错误的需求所主导，其次是他采取了错误的策略。

如果当时他深思一下，可能就会发现，他有两个需求：

（1）对方准时。

（2）"女神"本人。

只要这样一想，他就能明白："女神"晚到，根本就不是问题。因为他想要的是建立一段关系，而不是把刚开始的关系搞砸。思路厘清了，那他自然就不会过分介意"女神"来晚了，甚至还会为她担心。而且"女神"这样晚到，如果利用得好，很可能会变成一个他表现诚意的机会，让他的形象锦上添花，加速这段关系走向成熟。

而他一时的疏忽大意，把真正的需求抛诸脑后了。只是被"准时"这一个单一需求所驱动，就把"女神"埋怨走，之前所有的努力都白费了，悔之晚矣！

此外，即使他看中准时，也应该思考合适的策略。像他那样，上去一顿语言暴力，很多人是受不了的。何况对方才刚开始愿意和他接触，彼此关系比较微妙，他的一言一行，都会成为对方考虑是否继续交往的依据。等得到认可后，再来纠正"女神"不准时的毛病也不迟。

自责时的成长思维

当把"女神"埋怨走时，吴蜀代捶胸顿足地说："哎，我真是个笨蛋。"

这种行为叫作自责。

当我们表现不如预期时，当我们把事情搞砸时，往往也会像吴蜀代一样自责："我真是一个笨蛋""我有点小肚鸡肠""我怎么能这样""我一点用处都没有"。这种感受会在我们的内心不断反刍，让我们自我怀疑，让我们在很长一段时间里都充满了羞愧、内疚和失望，感到无奈和沮丧，甚至变成一个"祥林嫂"。

而且有人会变本加厉，不断地训斥自己、惩罚自己，沉浸在自我憎恨的痛苦中。

其实这种单纯的自责，带来的只有自我否定，并不能帮助他得到下一个"女神"的青睐。因为，这可不是他"气"走的第一个"女神"，而是第五个，每次他都自责很久，只是一次次地证明，他就是个"笨蛋"。

自责是对自我的语言暴力，会扭曲人的自我认知，并不能让人快乐，也不能让人成长。

但如果我们从自责这个"情绪化行为"出发，顺着"火山模型"向下挖掘，也能发现背后隐藏的同样是未被满足的需求。

首先，吴蜀代之所以自责，是因为他"内心的情绪"——对自己的憎恨。这种憎恨源于他"主观的评价"——他对自己的行为感到非常不满，认为自己太不会说话了。这种评价的背后，是真正的来源——他"当下的需求"——得到"女神"的认可。

当他思考到背后需求——得到"女神"的认可时，他的内心才能放松下来，才能专注于行动。那么他就可以把精力放在如何才能满足这个需求上——来分析当时，自己哪一点做得让"女神"不满意了？她为什么会不满意？下次应该如何做，才不会重复上演同样的剧情？

这样，当再次发现有"女神""犯错"时，也许他就没有那么多的暴力了。

这是一种成长思维，让我们不会斤斤计较于一时的得失！

情绪化的原因

情绪来自本能

为什么人在需求未被满足时，就会采取"情绪化行为"这样错误的策略，来满足需求呢？

那要从他还是一个襁褓中的婴儿说起，这是由于我们的祖先留给我们的自然保护机制造成的。当一个人还是一个婴儿时，他也有各种各样的需求：渴了，饿了，冷了，求抱抱……但是婴儿又那么柔弱与无助，无法自行满足需求，同时又无法开口说话，怎么办？

上帝赋予了他本能——哭。

当出现疼痛、害怕、饥饿或生气时，他只需"哇"地一声，就把随时待命的父母召唤过来，给予适当的照顾，需求自然就得到满足了。

随着这个婴儿慢慢长大成一个孩子，虽然会走路、会说话，但他的本能却没有变。当需求未被满足时，他仍然会迅速打开情绪的闸门，马上就进入哭喊、尖叫、大闹的模式。研究显示，人在10岁前，需求未被满足时，都会本能地生气，并且生气时，都具有明显的攻击性，而且会选择公开对抗。

父母的重要角色

面对孩子的情绪，父母就扮演了一个很重要的角色。因为孩子情绪的学习，始于他人生的早期阶段，并贯穿于整个童年和少年期。尤其在较小的时候，孩子在情绪上的成长，唯一能抓住的"救命"稻草就是父母了。可以说，家庭是孩子情绪学习的第一个学校，父母是孩子情绪教育的第一位老师。他们的一言一行、一颦一笑，都是在帮孩子塑造自己。

但是，很多家长，当面对孩子大发脾气又哭又闹时，却缺乏有效的应对手段。而他们不同的回应方式，都像雕刻刀一样，会对孩子产生不可磨灭的影响。

有的家长"残暴无道"，对孩子专横苛刻，缺乏耐心。面对孩子的情绪，唯一的方法就是严厉地批评和无情地惩罚，甚至会出现严重的家庭暴力。孩子的身心，受到严重的摧残，严酷无情和暴力相向的种子就此生根。

将来面对与人的争端，他不会感受到任何同情，唯一的手段就是暴力和威胁！

有的家长软弱无方，对孩子各种骄纵溺爱，捧在手里怕摔着，含在嘴里怕化了，平时对孩子不敢有半点沾惹。稍不遂意，孩子一时恼了，就有天无日地造起孽来。他们竟然束手无策，只能无奈地一次次选择妥协，最后娇惯出一个"孽根祸胎"。

将来这个孩子面对自己未被满足的需求时，只会愤怒以对，重复上演"一哭二闹三上吊"的戏码。他会缺乏对他人的尊重，不知自身的责任，不知如何友善地获取。他会对别人的无心之失大发雷霆，拒绝宽容。

这样的话，将来长大成人，面对情绪问题，他们都将无计可施。他们还只是个未长大的婴儿，也就是传说中的"巨婴"！

然而，情绪教育却是孩子培养的普遍盲区。

望子成龙，期女成凤，本就天经地义。天下父母都希望自己的孩子能够出人头地，金榜题名。然而很多的父母，培养孩子，追求的只是成绩好，智商高。殊不知情绪教育的缺失，是会埋下很大的隐患的。

成绩再好，再聪明，与人相处时，由于情绪管理的缺陷，也会让之前的努力培养变成枉然。因为他们很容易被激怒，被激怒时，内心强烈的抵触情绪、非此即彼的态度、强烈的攻击性、不顾一切的行为，都在把他们往绝路上推。

很可能让他们在人生的道路上苦苦挣扎。

更有甚者，会堕落成吴谢宇、马加爵这样穷凶极恶的魔鬼。

到时候再扼腕叹息，可能已追悔莫及！

他们缺乏的是有效应对生活的技能。成为高考状元，不能帮他提升情绪管理能力；变成十大富豪，也不能帮他提升情绪管理能力。

唯有父母师长及时地帮助和引导才可以实现！

所以父母要肩负起孩子情绪教育的重大责任，来帮助孩子有效应对情绪的起伏。

学校不能袖手旁观

父母有很大的责任，学校也不能袖手旁观。

毕竟，孩子从进入小学到大学毕业，有十多年甚至更长的时间是在学校里度过的。在从孩子向成人转变的关键过程中，他们可是把一天中最美好的时光都献给了学校，完全是熏陶在老师的言传身教之下的。

况且有的学生来自不幸的家庭，他的情绪持续受到忽略和蔑视。学校可能是他唯一可以弥补情绪教育的机会，也可能是他破茧成蝶的仅有希望。

学校负有不可推卸的责任。

情绪教育，应成为每位老师的必修课程！"学高为师，身正为范"，只有能有效处理自身情绪与学生情绪的教师，才不容易口出恶语，进行人身攻击，甚至以惩罚为荣，才更容易成为学生效仿的模范，才更容易防止校园暴力。我们不希望师生间的冲突，最后发现问题出在教师身上！

情绪教育，应成为每个学生的必备课程！就像有的父母和孩子斗气时说："你大学都上到狗肚子里了？"意思是你都上过大学了，就不应该来这样气我。这说明，父母也普遍希望学校能够承担起情绪教育的责任来。毕竟，我们并不奢望自己的孩子成为一个无所不通、包罗万象、百科全书式的全才。我们更希望他能成为内心健康、正直善良、人格健全的人。

这样，我们就能猜出吴蜀代为什么把"女神"埋怨走了。可能在他成长的过程中，缺乏情绪的有效引导与教育，导致面对别人的错误时，很容易怒火攻心、口不择言，而没有去考虑别人的感受，没有去思考有效的解决方法，没有去考虑自己行为的后果。

就像有的孩子，慢慢长大了，遇到需求未被满足时，仍然在采用哭闹的方式来给父母施压。遇到脾气大的父母，可能上去就是几个巴掌。

他们的策略，得到的完全和他们想要的南辕北辙。

所以孩子的"情绪化行为"，来自婴儿时期的本能。而成人的"情绪化行为"，可能是在孩童时期，缺乏有效的教育与引导。

满足需求的策略

如何表达需求

由此，我们可以理解，产生的"情绪化行为"——那是人在表达需求。他们可能缺少有效的情绪教育，只能采取错误的方式来表达需求！

就像孙善珍，案例详情见附录B：好心没有好报。

在案例中，我们看到，孙善珍用尽了各种语言暴力与行为暴力。不论是翻白眼儿也好，还是给李部庆贴标签，说人家显摆也好，极尽挖苦与批评之能事。

我们知道，她这是在表达需求。但是这样的表达方式，会给李部庆施加很大的压力，这分明是想通过让他屈服，来满足需求。

那么这种情况下，李部庆会有什么感受？

那是一种窒息般的感觉，让人非常不自在，他会非常憋屈，进而恼怒。因为他没感受到尊重，只有被强迫的感觉。即使当时李部庆能够委曲求全，百依百顺，也是硬着头皮咬牙坚持吧？

这就是孙善珍沟通失败的原因。

而且从头到尾，孙善珍这样的表达方式，并没有清晰地说出她到底想要什么！我们知道，她当时生气，是因为隐私被暴露，没有得到尊重。

但她并没有说清楚她想让李部庆怎么做，李部庆也根本不知道怎么办才好！

这就是当需求未被满足时，我们如何能够说清楚，从而让对方明白我们要什么，并最终愿意来满足我们的需求！

我们来看这句话：

"哼哼，你没羞辱，那你怎么把我妈妈生病的事情告诉别人？你问过我吗？谁知道你存什么心？我跟你说，你不要自以为是！"

我们知道，这样的话语，是带有指责性质的。这样的敌意，很容易就会让李部庆心有不甘，进而采取自我防卫的措施。所以，在我们表达需求时，最好也能让对方感受到尊重，这样才更容易如愿以偿。

另外，即使我们忽略掉她指责的话语，这句话也不是在表达需求。因为她只是说李部庆错在哪里了，但是孙善珍到底想要什么呢？是希望李部庆给她道个歉吗？还是希望李部庆将来做事情的时候能够考虑她的感受？还是只是想告诉李部庆"你当时问我一下，就更好了"？

她不说出来，单纯靠李部庆猜她想要什么，就有点儿难为人家了。她不能觉得，她不说对方也应该知道吧？对于"直男"李部庆来说，这比让他生孩子都难。

那么，如果她这样说："李部庆，你太不尊重我了。"

这样表达是否可以？

其实，这也不是在表达需求。

首先，这是当时李部庆犯的错误。那么在孙善珍指责李部庆的当下，她想让李部庆做什么呢？

其次，孙善珍说李部庆当时没尊重她，那么当时李部庆怎么做，她才会感受到尊重呢？只有正确表达了需求，李部庆以后做事才能吸取教训！

所以表达需求，需要非常清晰地指向行为——说出她现在想要李部庆做什么，以及未来李部庆怎么做才能体现出对她的尊重。这样才能有效沟通！

如果不这样说，李部庆就如堕入五里雾中，非常困惑。

这个背后的原因，很有可能是她自己都没想清楚自己想要什么！

那么，假如孙善珍这样说算不算清晰明确地表达需求呢？

"李部庆，你以后不要再不经过我同意暴露我的隐私了！"

这句话可以说，的确是在表达需求。但是使用的却是命令的口吻，缺乏对对方的尊重，容易给对方造成压迫感。所以表达需求时，应该使用的是协商的口吻，这样才不会给对方造成压力，同时让对方感受到尊重。

而且过程中切忌威胁。比如孙善珍说："你要再这样做，我可不客气了。"这样的话是要避免使用的。

即使你爱上了某个人，拼命地追求他/她，也不能通过施加压力来巧取豪夺吧？比如，你这样说："我对你这么好，你怎么一点儿都感觉不到呢？今天你必须要和我见面。"

请问，你是否能够成功？

这么强硬的措施，其实你已经在向他/她施加压力了，你会让他/她感觉生气甚至害怕。这就是表达需求的方式发生了错误。

其次，这样表达需求使用的是双重否定式的说法，否定式的说法也是要避免的。我们往往喜欢说"你不要……"，关键是你要他怎样呢？

比如，有人对自己的爱人说："你能不能少花一些时间在工作上？"她就是在用否定式的表述。可是对方并不能完全明白，她到底想让他做什么？因为这句话是有很多潜台词的，比如她希望他能注意身体健康，多锻炼身体；或者希望他能多陪陪她和孩子；或者希望他能花些时间在孩子的教育上；或者希望他能多充充电，投入一些时间在学习上。

一句简单的否定句，并不能告诉对方这些。

再次，孙善珍这样的说法也是不够清晰的。她说这话，那么李部庆以后是不是涉及她隐私的话都不要说？还是问问她的意见再说？所以，表达需求应该使用肯定的语言，而且必须清晰具体。

比如，孙善珍这样说：**"我希望你将来谈论到涉及我隐私的事情的时候，能够先和我商量一下，征求一下我的意见！"**

这样是不是更清晰？

有很大的进步，但还是不够清晰。

因为什么是隐私、如何界定隐私，可能也是需要她和李部庆来深入探讨的，而不是这么一句话带过，否则李部庆还会犯错。因为他真不知道对于你孙善珍来说，到底什么是隐私！

这就是"清晰具体"的含义。

谁为你的需求负责

在表达需求的过程中，我们要尊重对方，要用协商的口吻，不能用命令的口吻，不能施加压力，更不能威胁。

我们为什么要这样做？

比如孙善珍对李部庆说："你一定要向我道歉！"

这个需求表达得的确很清晰，而且指向行为。但却是通过命令的方式，想要给李部庆施加压力，强迫他，让他屈服，来满足她的需求。这样的话，可能越强求，结果就越糟糕。因为这样很容易激起李部庆的防卫，让他启动攻击。

最后，她的需求也无法得到满足！

但她要为这个结果负责，因为她采取了错误的方式！

这里就有一个疑问，到底谁应该对她的需求负责？是孙善珍自己还是李部庆？

我们会觉得李部庆伤害她在先，所以李部庆要负责。但问题就在于，这个事情到底是不是隐私？其实不同的人感受是完全不一样的。碰到一个大大咧咧的人，可能一笑而过，根本感觉不到任何伤害。

所以，我们认为，感觉受到了伤害，是孙善珍自己让自己感觉的。感觉没有受到尊重，这也是孙善珍自己的感觉。希望李部庆能给她道个歉，也是孙善珍自己想要的。

所以她要为自己的需求负责。

能够对我们需求负责的人，永远都是我们自己！

要想让她的需求得到满足，她就应该采取合适的策略，来想办法使其成功。

这才是我们为什么提出这样的表达方式。只有她改变沟通方式，能够考虑李部庆的感受，不把自己的语言化为武器，才更容易让李部庆真的理解她，才更容易得到这个道歉。

需求发生冲突时

我们知道，每个人都有需求，没有人的需求是不重要的。但是当一个人的需求，不得不面对另一个人的需求时，就有可能满足了一个人的需求，却会对另一个人造成伤害。冲突就产生了。

此事古难全！

比如，两个小孩看电视，两人都想把客厅的大电视霸占了，谁都不愿意拿着个小平板看。此时，他们很有可能就会闹吵吵地争抢起来，谁都不让谁。两人都希望自己成为胜者，然后把自己的想法强加给对方。

面对这样的冲突，现在的他们，除了争斗，竟然别无选择。

如何能够顺利解决这个问题而不大吵大闹？这就是对他们的考验。

处理这件事情的背后，考验的是他们妥协与变通的能力。他们需要认识到，面对别人的需求，损人利己的刻薄措施并不是最优选择。如果真的出现一方的利益被伤害，必须能够考虑对对方的补偿，而不是置之不理。

所以，他们除了坐下来，彼此尊重，相互倾听，认可对方的需求，然后共同协商出双方都满意的解决方案，是别无他法的！

如果他们协商的话，也许会想出一堆办法。

第一种方法：两人一商量，发现其中一个要看的节目只有10分钟。那么另一个就可以等10分钟，或者陪着第一个一块儿看10分钟后，再看他的节目。

第二种方法：两人达成一致，决定以后两人一块儿看，先看谁的都可以。

第三种方法：一商量，发现两人要看的节目时间都很长，谁都没有耐心等下去。那么其中一个人是否可以提出合适的交换条件：比如我把我的糖送给你，你去看平板。

第四种方法：两人达成协议，一人一天，轮换地看大电视。

第五种方法：两人始终无法达成一致，那么就把决策权交给父母，让他们帮助做决定。

第六种方法：两人都把自己的压岁钱凑一下，帮家里再买一个大电视。

第七种方法：扔硬币，让"老天爷"来帮助决定。

……

这都是不同的方法。关键是他们要明白，解决问题不只有一种方法，更不是他们本能想到的唯一一种方法——你死我活的斗争。

别说孩子，可能很多成人在面对冲突时，方法也很单纯——你死我活！

这同时也在考验他们在达成一致后，是否能够下定决心遵守游戏规则。这同样并不是那么容易的。比如，有一个孩子用自己的糖果换来了看大电视的机会，但是另一个孩子吃完糖后，总觉得自己吃亏了，自己就应该看大电视。这就掀起了下一场争斗。

不论之前费了多少唇舌，辛苦达成的协议，就这么轻易地被打破了！

他们是否能够言出必践？

就像有的公司，刚开始推行某项制度时，什么都答应。但真的实施的时候，什么都不同意。就把原来美好的设想变成了一堆废纸，让多少人白白花费了那么多的功夫。

其实他们还是孩子，没有任何契约精神！

当然造成这种结果，可能上下级都有原因。

可能刚开始时，上级简单粗暴得就像个被宠坏的孩子，听不得反对意见，完全不知什么是妥协与变通。下级又是成熟的"老油条"，习惯性阳奉阴违，用熟练的点头来表示反对。而推行后，又不去主动采取任何行动，只会找出各种理由，来破坏最初虚假的协议。

好的管理，应该把反对前置，有什么不同意见，都可以提出来，然后大家相互协商，相互探讨如何做，才能最终彼此受益。这样才更容易考虑周全，才能避免将来的诸多意外，才能形成彼此共同的愿景。然后基于共同的方案，大家坚决执行，而不是动不动就反悔。

这对家长来说也是一次严峻的考验，因为你不能期待两个孩子现在就具备这个智慧来化解彼此的不和。此时切忌简单粗暴，比如，你这样说："既然这样，你们俩都别看了。"或者说："去，你去拿平板看，他是你弟弟，你要让着他的。"你说的，都是你简单粗暴的逻辑，这样，只能换来伤害与怨恨，也不能帮助他俩成长。

你也不能代替他们去选好某一种办法，然后甩给他们去执行。毕竟你又不能一直陪着他们，他们未来的人生路是靠自己走出来的。你越俎代庖，将来这两个孩子碰到任何问题，你又不在身边，他们仍然会因为缺乏独立思考的能力，而不能找到合适的答案来有效应对。那么他们就会变成人生的弱者。

合适的做法，就是去引导孩子，让他们能够克制自己的情绪，理性地面对冲突，思考并尝试不同的解决办法。

如何应对攻击

错误的应对方式

现在我们了解了如何表达自己的需求；人要为自己的需求负责；当需求发生冲突时，要考虑对方的需求，不能损人利己。

但这些，孙善珍并没有学习过。

所以她没有给李部庆任何缓冲余地，上来就劈头盖脸地指责他，羞辱他，而且态度蛮横，拒绝沟通，尽情地施展自己的"情绪化行为"——过激的语言，攻击性的行为。呈现出来的完全是火山喷发的一面。

此时，李部庆应该怎么办？

现在的他，很容易就像大部分人那样，轻易地被激怒，失去理智，随着对方的情绪起舞：要么怒发冲冠，以眼还眼，以牙还牙，以"情绪化行为"来对抗"情绪化行为"；要么咬碎钢牙，默默忍受，用沉默的方式在内心腹诽。

这是大多数人面对情绪化的人的必然选择。有时候感觉我们真的没办法了，要么直斥其非，双方处于彻底的暴怒状态；要么闭上嘴巴，把所有的苦水注入心中，违心地听任对方恣意横行。

那么，假如他跟孙善珍说："小孙，你冷静一下，控制一下自己。"是否有用呢？

如果他这样说，说明他还没读过《情绪剖面图》。这样说是无法让孙善珍迷途知返的。因为驱动她产生这样的行为的，是她孙善珍无法遏制的情绪，不是你李部庆的情绪。你没有让她对"诱发性事件"有进一步的认识，没有让她了解她"主观的评价"是以偏概全的，没有让她明白，她是有多重情绪的，而不仅仅是愤怒。所以，绝对不是你这么一句不冷不热的话，就能让喷发的火山平静下来的。

因此，他无法控制孙善珍，无法控制孙善珍产生情绪，也无法控制孙善珍的行为。

如果他试图去强行阻止孙善珍表达情绪，这种压制的尝试，就像把弹簧强行压下去，只会让她伤透了心，采取更强烈的反制措施，让事情变得更糟。

以上这些选择，最终可能都让我们不得不接受事与愿违的结果。

遭受攻击时的心理建设

当一个情绪化的人出现在我们面前，对我们肆意地攻击和诋毁时，其实，他已经走过了"火山模型"的所有流程，产生这样的"情绪化行为"是必然的结果。

而此时，我们没有陪伴他一起走过"火山模型"，所以我们根本不了解他内心的活动。我们不知道是什么样的"诱发性事件"释放了他的心魔。不知道他是基于什么样的"主观的评价"来把我们妖魔化。不知道这愤怒背后有多少复杂的情绪在缠绕交织。甚至不知道在他如此暴力的"情绪化行为"后面，掩盖着什么样的需求。

就像我们只知道火山喷发了，而不知道火山为什么会喷发一样。

要想打破恶性循环，首先，立即要明白，虽然他说出来的话，满是对我们的攻击和羞辱，但这只是他在用一种错误的方式来表达情绪而已。所以，我们一定不要被他的这些话所蒙蔽，而是要学会去忽略他的敌意，只要心里明白这是人受伤时的普遍表现就可以了。完全没有必要用自我防卫来武装，更没有必要对他的言语进行反击。

其次，我们必须立即想到，这个人内心肯定有需求未被满足。想想也能明白，对方对我们的批评、指责都仅仅是策略，只不过对方采用了不当的策略而已，这背后往往暗含着他未被满足的需求。比如，一个人对你说"你从来都不关心我"，一方面，他是在说你不好；另一方面，他的意思也很明显——他很渴望能够得到你的关心。

所以，我们要放下武装，去主动倾听，把深切的同情和宽大的理解作为礼物献给对方。这样，才能让对方把那一言难尽的痛苦细细道来；才能让我们小心翼翼地走进他的内心深处，去细看那火山的全貌。正是那些深埋在火山深处的"哑信息"，才能让我们最终锁定对方情绪背后的真正需求。

这些对我们处理对方的情绪至关重要。最终，也才能让我们全身而退。

☺ 化解攻击性行为

但是，面对攻击时，我们几乎控制不住自己，因为我们的内心瞬间就会失去方向，情绪急转直下，又如何能做到既忽略攻击又能探查出需求呢？

我们可以遵循以下的步骤来问自己：

（1）我的情绪是什么？

（2）我有什么样的需求未被满足？

（3）我采取的策略是什么？

（4）这样的策略会有什么样的后果？

（5）想要满足需求，我还可以采取什么策略？

（6）对方的情绪是什么？

（7）这样的情绪背后可能会有什么样的需求？

（8）对方当下最核心的需求是什么？

（9）我现在的策略应该是什么？

看似步骤很长，其实你完全不必担心，一闪念间，你就可以把以上步骤全部完成。甚至，当你变得熟练后，以上很多步骤是可以同步实施的。

当孙善珍说："不关你事。"同时还翻了个白眼儿。

此时，一头雾水的李部庆，马上就被点燃了。在这关键时刻，敏锐的洞察力非常重要，他要能及时发现这个敌意，才能立即醒悟过来："哦，小孙这是有点受伤啊！"这是一个掐断火源的关键动作。

接下来他就可以问自己：**我的情绪是什么？**

通过扪心自问，他发现，孙善珍突如其来的恶语相向，让他有点生气了。这就是他的情绪。

顺着这个情绪，他就可以向下挖掘自己的需求：**我有什么样的需求未被满足？**

他觉得，他生气真的是再正常不过了，孙善珍这样不分青红皂白地攻击，实在是太让人受不了，太不尊重人了。原来他未被满足的需求就是尊重。没有得到尊重，点燃了他的愤怒。

如此这般地去了解自己的情绪，以及背后的需求，他发现，那股怒气就像乌云被风吹散一般，在体内一丝丝地变淡。理智也开始慢慢回归。

他接着再问：**我采取的策略是什么？**

他发现自己刚刚有点被冲昏头脑，反击的子弹早已上膛，全部都瞄准了孙善珍，就要扣下扳机，把孙善珍打成筛子。事态已危如累卵。

他有点庆幸，多亏前面学到的自我监控，让他在这关键时刻及时觉悟，挽大厦于将倾，扶狂澜于既倒。

下一个问题，自然地就闪现于他的脑海：**这样的策略会有什么样的后果？**

他明白，用语言暴力来对抗语言暴力，一定会掀起两人的大战。这是无法换来孙善珍的尊重的，只会让他离自己的需求越来越远，而那绝不是他想要的。

这样的思考，就让他及时地悬崖勒马。

他继续问自己：**想要满足需求，我还可以采取什么策略？**

他明白，想要得到尊重，他需要镇定自若地去应对，忽略对方的攻击与敌意，尊重对方的情绪与需求，采取理性的策略，而不是被情绪控制下的恶语相向，大声咆哮。

这样，他山雨欲来的情绪就渐渐消弭于无形之中，整个身体也感觉轻松了许多。

此刻，再抬头观察眼前义愤填膺的孙善珍，他就可以进入下一步了：**对方的情绪是什么？**

静看孙善珍不顾一切的语言、水火不容的态度、暴跳如雷的行为，他明白这样"自掘坟墓式"的行为，是人有情绪时的特征。他们往往不顾轻重、不计后果。理智告诉他："孙善珍现在很生气，甚至很伤心。"

这样的情绪背后，一定隐藏着未被满足的需求。

他继续问：**这样的情绪背后可能会有什么样的需求？**

这个问题其实他是无法回答的，因为孙善珍还没有告诉他，他不知道孙善珍的心里放着一座怎样的火山。他只是觉得，孙善珍肯定被什么事情伤害了。这需要他通过沟通，来层层挖开那座火山，来了解到底是什么情况，让她什么样的需求未被满足？这样才能有效解决。

他继续问：**对方当下最核心的需求是什么？**

看到孙善珍如此伤心难过，悲痛欲绝，大异于往日温和善良的表现。他感到，孙善珍现在太需要关心了，太需要有人能够体谅她了，而这个人就是他李部庆自己。所以他不会被孙善珍"情绪化行为"展现出来的幻象所蒙蔽。

接下来就是最后一问：**我现在的策略应该是什么？**

此刻，他已完全镇定下来，思路是如此清晰，就像擦净了玻璃上的雾气一样。他充满了好奇，特别想要了解，到底是什么事情，让孙善珍如此痛苦？他想要了解，他怎么做才能帮助孙善珍化解这无边的痛苦？

愤怒与反击，已显得完全没有必要。

如果他能够实施这九步的话，也许他和孙善珍的沟通会变成这样：

李部庆："小孙，你妈妈的情况怎么样了？"李部庆从心里是关心孙善珍的。

孙善珍："不关你事。"同时还翻了个白眼儿。她一副冷漠的态度，而且带有攻击性。

关键时刻来得如此突然，此时李部庆的选择非常重要。好在敏锐的触觉让他立即明白，眼前的孙善珍在表达情绪。通过上面几步，他知道，自己肯定做错了什么事，虽然现在还不知道怎么回事。他想要揭开这层神秘的面纱，去寻找那隐藏在层层幕后的需求。

于是，他没有选择语言暴力，因为暴力只会让结果变糟："小孙，我看到你很生气，你不想把你妈妈的病情告诉我，是吗？"他在用心地体会孙善珍的情绪和当下的需求。

孙善珍："哼，我当然生气了！你凭什么把我妈妈生病的事情告诉别人？"孙善珍仍然怒气未消，任谁也不可能一句话就让她的情绪全部退潮。

李部庆瞬间就明白了，原来是那天他在早会上帮助孙善珍安排加班，让她感觉受伤了。这就是他改变沟通方式后立竿见影的成果，他继续选择忽略攻击："哦，我了解了，是我随便把你妈妈的病情告诉大家，这样就暴露了你的隐私，让你感觉很生气，是吧？你希望我能够在保护你的隐私的情况下，来帮助你安排加班？"这就是他的处理方法，不裹挟任何暴力，只是全身心地去理解对方的情绪，并探索对方情绪背后的需求。

这句话正说到孙善珍心坎里了："那当然了，这是我的隐私呀！你随便说？你说你这样做对吗？"李部庆主动去探索需求非常有效，在这么短的时间里，已经得到了孙善珍的积极回应。虽然她的行为仍然在被情绪所主导，语气仍然很强硬。毕竟，到目前为止，她的心病还没有根除。

李部庆仍然能够坚持策略，并不失对她的尊重非常重要："你是说，你很生气，因为我暴露了你的隐私让你感觉受到了伤害。"他仍然在理解对方的情绪。

这里，理解情绪、探索需求的要求并不是准确，而是用心。只有用心去体会对方的感受，才能让对方放下戒备，感受到被接纳，从而对我们直言相告。所以哪怕李部庆说错了，也不妨碍继续交流，因为孙善珍会及时纠正他的。

看到孙善珍点头说："是的。"他接着说："这点我承认，的确是我的错误。那你希望我能够向你道歉？"他接着刚才的话头来探索需求。他知道，这个需求，不能等孙善珍来告诉他，因为孙善珍根本不知道如何表达需求。甚至在她心里只有埋怨和憎恨，根本不知道自己现在想要他李部庆做什么。这句话还包含了另一条很重要的措施，那就是他能放下姿态，坦陈自己的错误，此举才能换来孙善珍的积极回应。用欺骗和掩盖，只能换来失望与反攻。

看到孙善珍又点头，李部庆郑重地说："小孙，那天的确是我的疏忽，把你的隐私暴露了，对你造成了伤害，我向你道歉。你可以原谅我吗？"

孙善珍也是个心软的人，听到李部庆的道歉，原来的责怪之心瞬间被抛到了九霄云外："我接受你的道歉。"

就这样，迫在眉睫的危机，被李部庆游刃有余地轻松化解了。

他接下来的选择也非常重要。因为此时，孙善珍只是原谅了他的过错，但她内心的火山却没有发生丝毫变化，依然保持原貌。如果到此就撒手不管，那么这件事并没有圆满解决，孙善珍的心仍然操纵在魔鬼手中，他是无法保证未来这座火山不再喷发的。而且他也实在不希望下次碰到类似的事情，孙善珍还是使用这么暴力的方式来处理，那样对他来说，挑战就太大了。毕竟，兔子急了还咬人呢，他并不能保证面对语言暴力，每次都能心平气和、无懈可击地去化解。

所以他接着说："谢谢你接受我的道歉。我当时真的是欠考虑，就当众把你的隐私给说出去了，我也感到很自责。当时看到我这样做，你觉得是什么原因让你生气的呢？"

"还不是你吗？碰到谁都会生气的呀！"她的语气变得柔和了。

但她并不了解情绪，所以在她心里，她产生情绪的原因是别人的过错。

李部庆并不在意，继续说："是的，我承认我有错。当然，我也听出来了，你当时觉得我错了，是吧？"他仍然努力帮孙善珍梳理她的内心活动。

情绪的悄然退场，已经让孙善珍能够理性地来看待这件事情了，进而来坦然地谈论它："是的呀，你当时这样说的时候，我都被你给气得晕过去了，我就感觉你怎么可以这样？你完全错了！甚至我都觉得，你明明知道这样会伤害我，还要说，就是想要显摆自己，故意来伤害我，简直就是个混蛋。"说完，她笑了笑。她知道，即使说出真实的想法，也会得到李部庆的友善回应，就直言不讳了。而这正是她"主观的评价"。

她的表现，也是李部庆所期待的。因为只有帮助她梳理出她的"火山模型"，才能提升她情绪管理的能力："你有这样的想法是很正常的，换作是我，也会这么想的。"他通过换位思考，继续维护彼此坦诚对话的氛围。

他接着说："但造成这样的错误，我不是故意的。其实，你知道吗？在你来找我的前一天，钱师阳也来找过我，但他没有合理的理由，为了控制加班时间，我没有应允他。但是你，我是要帮助你的。所以当时我是很纠结的：如何才能让别人感觉我处事是公平的？当时就觉得早会上宣布的话，大家就知道我并不偏心。你也知道，我这个人做事，风风火火，效率是很高，但有时候的确考虑不周全。所以我并没有要显摆自己或者要故意伤害你的意思。这点你能理解吗？"他准确把握了时机：现在来解释自己的真实动机，对方才能听得进去。过早地辩解，只能被孙善珍判为狡辩。

这样一说，就让孙善珍忽然看到了自己的盲区，她没有想到李部庆做决定的背后还有这么复杂的考量。而且，回想起李部庆一贯的行事风格，的确是当机立断、风风火火，她就更能理解李部庆并无恶意了。现在，怨气早已消失得无影无踪，她的内心也发生了天翻地覆的变化。内心涌出的汩汩温情，瞬间就纾解了她绷紧的面容。她笑着说："哎呀，是的呀，你的确是这样的！其实，我也有点太冲动了，都不了解情况就来责备你。"她已开始反躬自省了，这得益于两人能够坦诚相对。

此时李部庆就成功地修正了她对"诱发性事件"的看法，改写了她的"主观的评价"，减少了妖魔化的成分。这让她认识到，自己竟然把不实的猜测强加给对方，而事实上李部庆并不是有意的。

李部庆："你说你太冲动，说明你是个善于思考的人。你之所以生气，其实这样的想法起了很大的作用。你看，现在你了解到我完全没有恶意，是不是也没什么责怪之心了呢？我也不是混蛋了？"说完，他笑了笑。

孙善珍点点头，说："对不起哦，我当时可能被冲昏头脑了。"她已能真心诚意地认识自己的错误了，把原来的责怪之意换作了真诚的歉疚之情。

看到她略带歉疚的表情，李部庆安慰说："你也不要过多自责，人在有情绪时，都是这样的。换作是我，也一样。其实，当时你有这样的想法的时候，如果主动找我来了解一下，是不是就不会生这么大的气了？"他想让孙善珍认识到这是她的盲区，只有及时沟通才能破除盲区。

他接着说："其实我特别能理解，这段时间你肯定承受了很大的委屈。那是什么原因让你压抑了这么长时间呢？"他想让孙善珍发现，她不仅仅只有愤怒，而且还有很多其他情绪。

孙善珍："我有点担心，怕和你吵起来。"这正是她内心的真实状态。这就表明，正是在不同情绪一团乱麻般地彼此交织缠绕之下，才让她产生了这么复杂的举动。

李部庆："我能理解你的担心，如果我们大吵起来，那的确会很尴尬。不过现在你是不是发现，我们俩是不会吵起来的？既然本身就是我的错，向你道歉也是我应该做的。我要感谢你，能够宽容我的错误。所以，如果我们能早点沟通，是不是就不会被这么大的委屈憋坏了？当然，你说怕吵起来，证明你非常重视我们之间的关系。所以，我还要感谢你，因为你忍受着巨大的委屈，却依然在考虑我的感受。"忽然，一滴泪水滚落孙善珍的面颊。

这样，李部庆一方面让她了解到通过沟通也可以满足需求，另一方面让她发现，原来自己是有多重情绪的，而不仅仅是愤怒。

他接着说："不过说真的，你刚才一句'不关你事'，吓了我一跳，还好我当时想：'孙善珍一直都和我合作得这么好，今天突然变成这样，肯定是有原因的'，要不咱俩非吵起来不可。你觉得呢？"他想让孙善珍认识到采用这样的"情绪化行为"来满足需求是不合适的。

此刻，再回望刚才那怒气冲冲的架势，孙善珍的确感到非常后悔，感觉自己确实不应该发那么大的脾气，说："这点的确是我考虑不周，领导，你能接受我的道歉吗？"她已能正视自己的"情绪化行为"了。

希望得到道歉，并不是李部庆追求的最终结果，而这个道歉的背后，那个完全回心转意、充满体谅与理解的孙善珍，才是他这番谈话的初衷："那当然能接受了，不过我完全没有责怪之心，因为这个事情本来也是我引起的。我是担心，如果碰到正好我的脾气也不太好，面对刚刚的你，说不定我们俩就真吵起来了，那你的担心不就真的变成现实了吗？那多尴尬呢？希望我们以后都能够通过主动沟通，而不是用语言暴力来解决。你觉得呢！"他的态度是诚恳的。

孙善珍又点点头，顺着这个路径，她也认识到了自己的问题。

面对情绪化的人，如果想要对方下次不要再暴力相向，那么帮助对方分析、和对方共同探索他情绪走过的"火山模型"是非常必要的。让他认识到，需求未被满足，采取"暴力"的语言和行为是不合适的。让他认识到，他是基于什么样的评价才会产生这样的情绪。让他认识到，他的评价可能是以偏概全的。让他认识到，他的情绪不只是愤怒，不应该用愤怒来表达所有的情绪。让他认识到，当时的诱发性事件，和他想的不一样。这样，他的情绪管理能力才能和你一样，得到提升。

这次和李部庆的沟通，孙善珍如果走心的话，那将会对她的工作、生活产生巨大的帮助。但是能不能产生帮助，都取决于她自己的修为。这就是孔子说的："三人行，必有我师焉。"看不透的话，可能她还需要较多的磨练，方能取得真经，修成正果。

人生，本身就是一场修炼！

脾气暴躁，顽劣成性的孙悟空，在五行山下修炼了500年，出去后还要戴上紧箍咒，继续修炼！曾经，他也心比天高，想要做齐天大圣，如今，则痛改前非，只能一路打怪升级！

☺ 捍卫自我形象

这里还有一点非常重要。李部庆说孙善珍是"玻璃心"，那么李部庆是不是"玻璃心"呢？

其实他也是"玻璃心"。孙善珍的攻击，竟然让他无法承受，无所适从，而且用暴怒来回击。那是因为孙善珍的话，让他不得不面对他自己的一个很核心的需求——他的自我认知。

所谓自我认知，就是人对自己持有的相对稳定可靠的看法。人是靠自我认知来界定自己是谁的。照镜子，并不能让我们获得自我认知。别人对我们的评价和诠释，才是获取自我认知的唯一方法。我们是聪明还是愚笨，是坚强还是软弱，是大方还是自私，是善良还是残忍，是漂亮还是丑陋，都是借由别人的评价来了解的。

就是说，我们的自我认知，都是我们认为别人看待我们的方式。所以别人的说法对我们的影响非常大。他们说我们好，我们也会觉得自己好。他们说我们坏，我们也会觉得自己坏。

孙善珍的标签，就像一记记重拳打在李部庆的要害上。他心目中的自我形象，竟然如陶瓷般，瞬间被孙善珍击个粉碎。他还是那个称职的人吗？还是那个善良的人吗？他竟然被困惑和沮丧包围了。孙善珍说他是故意的，是要羞辱她。面对这样的冲击，李部庆是无法消化的，这让他倍感失落。

李部庆是否有勇气接受一个不完美的自己？如果他接受不了，那么就会很容易采取一切必要的措施，来证明孙善珍是错的。

每个人都有正向的自我认知：善良的、忠诚的、体贴的、诚实的……当这些认知被否定时，会在我们内心世界掀起一场"大地震"，本以为牢不可破的内心钢铁长城，会瞬间被彻底捣毁，简直令人窒息。

就像赵绍宇，那天他鼓足勇气向上级提出了加工资，上级却告诉他："你表现这么差，竟然提出加工资？×××表现那么好，都没跟我提。"没加成工资，仅仅是问题的一个方面，更严重的是，他不得不面对领导的话语对他造成的严重打击。怀疑、失望和焦虑的情绪如乱箭般射穿他的五脏六腑，他的自我形象瞬间就崩塌了。

找老板前，他经过了深思熟虑，想来想去都觉得领导应该要给自己加薪。因为他怎么看，都觉得自己工作努力、认真负责，是值得加薪的。没想到老板竟然如此"诋毁"他的自我形象。

最后，虽然他放弃了加薪尝试，但是对老板的评价是："这个家伙刚愎自用，无法沟通。"以此来捍卫自我形象。

我们如何能在面对攻击时，还能让自我形象不至于崩塌呢？

如果我们只认为我们是优秀的、善良的，全身上下每个毛孔都流淌着美和高贵的东西，那么这样的认知是不稳定的。带着这样的高标准来看待自己时，我们就会对别人的评价过于敏感，任何否定性的信息都会让我们的自信瞬间崩塌，心理失衡。

所以，我们要对自我进行写真（见表8-1）。这需要我们像摄像机一样，客观地记录我们的一切。刻画我们的优点，也刻画缺点。这样才能实现通盘地认识自己、解放自己。进而诚恳地接纳一个并不完美的自己。

表 8-1　自我写真

我的优势	我的不足

自我写真这个工具强调，我们不需妄自菲薄，也不要过度膨胀，应该正反两面客观地看待自己，既看到自己的优势，同时也能发现不足。如果你只写下很多自己的优势，把自己刻画成一个盖世无双的侠客、完美无缺的圣人，那可能不是我们想要的。我们希望你也能够让自己回归，变回到一个有血有肉有不足的普通人，来正视真实的自己。

事实上，人普遍对自己的评价要高于客观实际。就像有人说的，人成熟的过程，就是接受父母是普通人，接受自己是普通人，接受孩子是普通人。这就证明，我们都曾经对家人、对自己评价过高。所以，找出自己的不足，才是这里的重点，就是要把我们还原成一个普通人。

这需要我们下定破釜沉舟的决心。请你牙一咬、心一横，用力掀起那层遮羞的面纱，带着开放的心态，像握着手术刀的医生，一层层解剖自己，让最真实的自己呈现出来，从而审视那个未曾见过的自己。

这并不是一件容易的事，你能保证自己听了逆耳忠言而不受伤害吗？你能放下自我陶醉，接受那个真实的你吗？如果能，那么请采取以下措施。

（1）回顾过去与人的冲突。人际关系永远是一个巴掌拍不响，你说对方不好，在对方眼里你更不好。你一定也有做得不好的地方，你能仔细回忆当时冲突中你的一言一行吗？像带着放大镜般地，找出自己的不足。实在找不出，也可以回忆冲突过程中，对方说过你哪里不好？然后借着对方的话语，来反省，自己是否真的这样？如果是，那么把它写下来。

（2）求助朋友、同事、家人，尤其是曾经伤害过你的人。让他们用这种方式来告诉你：我喜欢你的……我不喜欢你的……过程中，你只能说"是的""谢谢"！这样你就能发现你有哪些改进点。

其实我们并不清楚自己的行为方式、语音语调。但周围的人却心知肚明。你能敞开心扉来听吗，而且过程中不进行任何辩护？这个过程是相当难熬的，因为在你看来，他们的话可能是对你的攻击与诋毁。

（3）如果你的内心足够强大，那么就让你最恨的人告诉你，你哪里错了。去给他打个电话，敲开他的家门，告诉他，你错了，你希望得到他的谅解。然后真诚地、耐心地请他数落你。

过程中，你也完全不必照单全收，更千万不可自怨自艾。因为他们可能对你是有怨气的，不排除有对你妖魔化的地方。你不能因为他们的话语，就对自己充满嫌弃和憎恨。那样你会变得不自信，变成一个低自尊的人，这不是这个工具的目的。所以你要对他们的话语进行评估，那些得到你认可的不足，才要记下来。

当你能够这样做，你会发现，原来我们有好的一面，也有坏的一面。我们也有高尚，也有低俗；有时聪明睿智，有时却会略显鲁钝；有时心胸坦荡，有时却小肚鸡肠；有时深明大义，有时却目光短浅；有时忠心耿耿，有时却心怀怨气；有时兢兢业业，有时却敷衍了事；有时菩萨心肠，有时却冷漠无情。

那个完美的自己，早已消失得无影无踪。当我们能够接纳这样的自己，才能从容应对别人的指责。

那时，我们才是一个坦荡的、自信的、真性情的人！

这个工具的核心就是，接受我们也会犯错误这个事实。当我们接受这个残酷的现实时，就能随时放下防备，全副身心去倾听，接受对方观点中合理的部分。

就像面对孙善珍的指责时，李部庆能够坦率地承认：是的，我在大家面前暴露了你的隐私，这是一个愚蠢的错误。他能吗？如果能，那他就真心实意地接受了自己，以及自己的行为，并能为自己的行为承担责任。此时，他会惊奇地发现，一切都变简单了，他再也不用为"我是否还是那个好人"而纠结了。

本章小结

产生的"情绪化行为"，其实可以理解成——那是人在表达需求。当下的情绪，都可以追溯到当下未被满足的需求。所以，当产生情绪时，可以问自己：

（1）我真正的需求是什么？

（2）我应该用什么样的策略来满足需求？

这样，我们就不容易被错误的需求所主导，并且更容易选择合适的策略，来有效满足需求。

每一个人都要对自己的需求负责，而不能强求别人。所以表达需求应该非常清晰地指向行为。表达的过程中，要尽量使用协商的口吻，体现出对对方的尊重。

当不得不面对一个情绪化的人，我们要做到既忽略对方的攻击又能探查出对方的需求，可以遵循以下步骤。

（1）我的情绪是什么？

（2）我有什么样的需求未被满足？

（3）我采取的策略是什么？

（4）这样的策略会有什么样的后果？

（5）想要满足需求，我还可以采取什么策略？

（6）对方的情绪是什么？

（7）这样的情绪背后可能会有什么样的需求？

（8）对方当下最核心的需求是什么？

（9）我现在的策略应该是什么？

这样做，我们才不会被轻易激怒，才能缓和对方的情绪，直至锁定对方的需求。

自我认知，是我们认为别人看待我们的方式。用"自我写真"，来正反两面客观地看待自己，能让我们在面对攻击时，保护自我形象不至于崩塌。

第九章　心智的模式

我要扼住命运的咽喉，绝不让命运所压倒。

——贝多芬

情绪会成为一种习惯

习惯的力量

我有一个不好的习惯——吸烟。你是否也吸烟呢？你是否也曾试图戒过烟？

你知道戒烟有多难吗？其实我知道它对身体毫无益处，等于慢性自杀，时间长了会得支气管炎，会得肺气肿，会得肺癌。但为什么总是克制不住？为了戒烟，我甚至多次痛下决心，说以后再也不吸了。果然，我坚持这样做了，只是时间不够长久。席不暇暖，我又拿起了打火机。摆脱吸烟这种习惯就像甩掉自己的影子一样困难。

因为习惯养成容易，消除难！这些习惯已经成为我的行为模式。

我们来分析一下为什么会戒烟失败？

积年累月，我的大脑已经熟悉了吸烟，已经习惯了我定时定点地吞云吐雾。所以吸烟的习惯就会像看门狗一样，时间一到，就会分毫不差地提醒我——该吸烟了！那时，吸烟的诱惑就会不自觉地再次萦绕在我的心头，驱使我想要去找一支来，甚至让我挖墙钻洞，翻箱倒柜。如果找到一支，我就会自我安慰说："就抽这一支，不会有什么影响的。"抽完了，没过多久，诱惑再次袭来，那种煎熬难忍的感觉，就像一万只蚂蚁在心头窜动，于是我又重复了同样的动作，可是这次没找到。于是我忍了，甚至忘了这次诱惑。但忍了没多久，诱惑又出现了。这时，我就会想去买一包来，买了后，相同的安慰又出现了："就一支"，甚至索性把剩下的全扔掉。当然偶尔也会留一两支，以减轻下次诱惑来袭时的心理负担。

那绵延不绝的诱惑一次次涌上心头，一次次地无情折磨，让我一次次妥协。最后，我投降了，吸烟的习惯又反弹了。

就像好多人减肥失败一样，其痛苦不亚于给婴儿断奶！

可能你也有过类似的情况吧？

我们怎么会这样？我们坚定的意志呢？我们信誓旦旦的决心呢？这不是平日里当机立断、雷厉风行的我们啊！前事不忘，后事之师，可是有时我们就是做不到吃一堑，长一智。好像理想中，我们是条龙，现实中，却变成了一条虫！

那是因为习惯具有强大的力量，它在我们的大脑里形成的思维定势已经根深蒂固。让它不断地提醒我们，甚至给我们下命令，让我们保持原来的状态。

这就是大脑的工作原理，大脑喜欢熟悉的东西。它具有排斥改变的防御机制，希望我们维持已有的习惯，而不是变化。当我们尝试要改变的时候，虽然理性告诉我们，改变是对的，但潜意识中，大脑中的思维定势却并没有些许改变。它总是试图唤醒我们，让我们回到过去，无论这种过去是好还是坏！

人是习惯的动物！在生活中，我们养成了不同的习惯：吃饭的习惯，睡觉的习惯，人际交往的习惯，打发无聊时间的习惯。就像我们可能每天几乎差不多同一时间起床，起床后也几乎遵循同样的顺序去洗漱吃饭，每天几乎沿着同样的路线赶到公司。这些，我们的大脑在潜意识里早已悄无声息地帮我们安排好了。

情绪的习惯

情绪也一样，也会变成我们如影随形的习惯。有人习惯性焦虑，有人习惯性自信，有人习惯性愤怒，有人习惯性积极，这些不同的情绪习惯甚至变成了我们的特征，所以叫"心智的模式"！

如果形成了快乐、自信、积极这样的习惯，我们将会变得非常强大。即使遭遇逆境，我们也不会低下高贵的头颅。即使生命中诸多坎坷曲折，也不过是磨练我们意志的机会。

有句诗，"宝剑锋从磨砺出，梅花香自苦寒来"，字里行间都透露出积极的情绪习惯。这样的人，不论遇到什么挫折，也能迅速满血复活。而另一句诗，"问君能有几多愁，恰似一江春水向东流"，却透露出无比消极的情绪习惯，甚至让人感觉，作者李煜可能时日不多了。

当然，并不是说只有积极的情绪习惯才是好的，也不是说拥有积极情绪习惯的人，不会出现消极的情绪。其实，每个人在生活中都会出现伤心、生气、委屈等情绪的低谷，但大部分人都能拿得起，放得下，很容易就挺过去了。甚至这种负面的情绪能够激发人，就像嫉妒，可能不是正面的情绪，但是在积极的人身上，却能化为不断进取的动力。所以偶尔的负面情绪能够为我们增添人生的趣味，本身就有它存在的必要和积极的意义。

只要我们能够保持平衡，即使偶尔出现负面情绪，也都不碍事。

然而，有人却无法平衡，他们被破坏性的情绪习惯所缠绕，苦苦挣扎！有人会习惯性焦虑，有人会习惯性愤怒，有人会习惯性抑郁，有人会习惯性自责，有人会习惯性悲伤，有人会习惯性不安……这些习惯变成了一种慢性病，让他们沉浸其中，备受折磨。即使他们能够认识到这样是不对的，是有破坏性的，它会造成他们生活的瘫痪，损害他们的人际关系，会波及他们的职业生涯，对他们有百害而无一利。但是同样的情绪习惯总是如影随形，就像宿命一样，操纵着他们的内心和行为，不断重复，纠缠不休。

那是因为他们的大脑早已习惯了这样的情绪！虽然有害，但就像抽烟一样，它会时时刻刻提醒他们，要恢复到同样的情绪习惯。

情绪习惯的行为模式

过去的经历

九层之台，起于垒土，罗马不是一天建成的。情绪的习惯也不是最近才产生的，许多情绪习惯甚至可以追溯到人生的最初几年。从哺乳期，到人的童年期，一些经历会给我们的大脑造成强有力的刺激，在人的内心划下伤痕。这些创伤，掩蔽于我们的潜意识深处，在我们的内心根深蒂固。当某种情境重现时，创伤时的情绪就会被召回，再次回放当时的痛苦。

就像孙善珍，案例详情见附录B：好心没有好报。

面对李部庆造成的伤害，孙善珍的反应其实是非常激烈的。也许换一个人，可能也能理解："嗨，李部庆这家伙情商不太高，没考虑到他这样说会影响我。"就到此为止了。甚至有人都不觉得这是一个隐私，就会大大咧咧地，随他去吧！但是孙善珍不行，她是完全走心了。这种走心，让她无法选择用沟通的方式来解决，而是直接诉诸冷暴力和恶语相向。

显然她是过于敏感的，甚至不能释怀。那是因为她过去的经历在现身说法。这件事只是触怒她的类似情境之一，只要碰到类似的点，她都会感觉受到了深深的伤害。

她自小是单亲家庭长大的，父亲早亡，母亲一手把她拉扯大。她内心一直有一种隐隐的缺憾，希望也能享受到父爱。尤其是开家长会的时候，看到同学的父亲来到学校时，她的内心充满了酸楚，就感觉同学们都在嘲笑她，对她指指点点。

母亲每天非常辛苦，但是家里依然非常拮据。看到别人家的玩具，她很喜欢，但是妈妈没钱给她买。别人买了新的书包，她只能摩挲着自己褪色的破烂书包，心里暗暗地难过。

自小，她就非常要强，希望别人能够高看自己。所以，她总是对自己的家庭背景遮遮掩掩，就像要挡住衣服上的污渍一样。

就这样，自卑、敏感的情绪习惯在她心底扎了根。有一次，一位不知情的同学，不小心的一句口头禅："尼玛……"她当时就痛哭流涕，恶语相向。

在她成长的过程中，这个情绪始终如影随形，就像跟她交往了多年的朋友。对她内心的这个角落的微微触碰，都会让她感受到巨大的伤害，而且是反复受伤。

这次向李部庆提出增加加班机会前，她是纠结了很久的。因为提出这样的请求，让别人知道了，肯定会看低自己。但她又希望能够为母亲尽孝心，她是咬着牙来找李部庆的。令她意外的是，当她提出请求的时候，李部庆没有像她想的那样让她难堪，而是非常关心她，说是一定要帮她，才让她放下心来。

晴天霹雳般地，李部庆竟然是在早会上直接公布她的隐私。这样的"帮助"，简直是当头一棒，她恨不得把头钻到沙里。

心智的模式

这样的情绪习惯寸步不离地跟着她，周而复始地操纵着她的生活，一直保持到现在。刀砍斧凿都不会让她有些许改变。这就变成了一种条件反射式的行为模式，让她无法解脱。只要类似的"诱发性事件"发生，就像按下了启动开关，同样的情绪，就像通电一样自然而来，就变成了一种"习惯性情绪"，继而"情绪化行为"开始"工作"。它已经变成了她性格的一部分，变成了她与这个世界互动的一种方式，所以说是"心智的模式"（见图9-1）。

图 9-1　心智的模式

所谓心智的模式，就是人对信息进行加工，并理解这个世界的方式。"诱发性事件"就是信息，而"习惯性情绪"就是大脑对信息理解、加工后产生的输出。

不良的心智模式，如果在人际关系中反复出现，会让人不断地体验受伤、痛苦、悔恨、失败，一再地经受挫折。

当我们细看这个"心智的模式"的模型时，你会发现，这不就是我们在中学生物学的巴甫洛夫的条件反射实验吗？

当时，巴甫洛夫发现，狗在食物还没有送进嘴里时，仅仅是看到食物，或者闻到食物的味道，就会自然地分泌唾液。所以他在每次给狗喂食前，先摇动几下铃铛，然后再把食物送上，如此反复多次刺激。后来发现，仅仅通过摇铃铛，哪怕不给狗喂食，狗也会分泌唾液。铃声对狗来说就成为一种特定的刺激，这种刺激一旦出现，它就会产生习惯性的反应——分泌唾液。

这是一个从受到刺激到产生反应的条件反射模型（见图9-2）。

图 9-2　条件反射模型

所以，我们的"习惯性情绪"也是这样。"诱发性事件"就是刺激，或者说"诱发性事件"内包含了对我们的刺激。而我们的"习惯性情绪"就是对刺激的反应。

当同样的刺激出现时，不知不觉，那种"习惯性情绪"也就同步启动了。有时甚至让人感到这些情绪来得莫名其妙，那是因为它已经变成了一种条件反射。

情绪疗伤

理性分析并无疗效

事实上，有太多的人被"习惯性情绪"所折磨。有人面对孩子不听话，就会抄起扫把打一顿。有人面对周围的人，总是疑神疑鬼，惶恐不安。

就像我的一位学员，每次扔东西时都会感到煎熬难忍，哪怕是剩下的半杯牛奶，当不得不倒掉的时候，她的内心都会经受巨大的折磨。对她来说，减轻这种折磨的唯一方法就是交给别人，让别人扔掉。但是这样，周围的人就很不理解她，甚至认为她是个怪胎。她也觉得自己怪怪的，但其他方面却又非常正常。她有一种"习惯性情绪"。

当我和她探讨这个事的时候，一开始，她说："不知道为什么。"后来，她默默地想了想，说："我觉得自己在犯错，扔东西是不应该的。"

她说自己从小就这样了，上学时就有这样的心理障碍。

她有一个关于扔东西的记忆。

小时候，她是和奶奶一块儿生活的。奶奶经历过大饥荒，非常节俭，珍惜任何有价值的物品，哪怕再微不足道。那时候，每次喂她吃饭的时候，奶奶都会要求她全部吃完。如果没吃完，就会告诉她："你这样会天打雷劈的。"而且强制她要吃完。同样，有用的东西被她弄坏了，也是会"天打雷劈"的。慢慢地，在吃饭的时候，她都会强迫自己吃完，使用东西也会格外小心。

原来是这些话深深地刻在了她的心里，成为她摆脱不掉的阴影，进而指导了她的行为。

现在我们已经明白了她产生不安的根源，但如何才能帮她把这种情绪习惯消除呢？

当然，最简单粗暴的方法，就是直接改变我们的"习惯性情绪"。既然扔东西没什么大不了的，那我们就应该理智一点，不让这种情绪来扰乱心神，不就可以了吗？

但是江山易改，本性难移。肯定不会出现，当同样的情绪习惯再次光临时，我们只要像孙悟空一样，说一声"变"；或者像哪吒一样，念个"急急如律令"似的咒语，暗示自己说"我要改变情绪了"，情绪就消失得无影无踪。

这种情绪由来已久，不是说改就改的。

其实方法就藏在巴甫洛夫的"条件反射模型"里，我们可以从改变刺激，改变反应和修复创伤这三个方面来采取措施。

改变刺激

从因果律来讲，刺激是因，反应是果。既然是某种刺激造成了我们的情绪化反应，让我们伤心、让我们焦虑、让我们失控，那么如果我们能够识别出这个刺激，想要控制情绪，可能就如探囊取物一般了。

这里的刺激不一定是"诱发性事件"。有时，的确是"诱发性事件"本身造成了我们的情绪。有时，刺激就像难缠的小鬼一样，偷偷摸摸地，藏形于"诱发性事件"的层层包裹之中，让我们杯弓蛇影。其实是"诱发性事件"中的某个点，引发了我们的情绪。

对于刺激的研究发现，"诱发性事件"出现的情境与这种情绪最初产生时的情境越相似，越容易产生同样的情绪。比如，我的那位有"扔东西恐惧症"的学员，当时强迫她的是她的奶奶——一位有权力的女性。那么诱发她产生同样情绪的，就不仅仅是扔东西这一种"诱发性事件"。比如，她的一位女性上司强迫她做事时，其实产生的是同样的"刺激"，那么同样的情绪也就会再次移植过来。

对于刺激，首先，我们可以考虑回避的策略。

既然情绪是某种刺激诱发的，而这种刺激又脱胎于"诱发性事件"，那么回避类似的"诱发性事件"，就能够帮我们回避这种刺激。只要我们找到发生了什么事情，会让我们产生情绪，以后只需设法避开这种事情，自然就实现了对情绪的控制。

虽然很多时候，"诱发性事件"的发生，并不是以我们的意志为转移的。但也有很多事情，是可以预测的，只要我们采取措施，主动回避这样的事情，也是可行的。

比如，有人有演讲恐惧症，那么就不要去参加演讲，或者避免在众人面前讲话，这样的情绪自然就没有了。

其次，如果真的无法回避，那么采用合适的方法对刺激进行弱化也是可以的。

比如，同样是演讲恐惧症，并不是演讲让人恐惧，有人是因为怕看到听众的眼神，怕看到听众在窃窃私语。这时，他们往往会心里犯怵，担心听众是不是不喜欢他？会怀疑自己哪里讲错了吗？或者自己脸上长包了？听众的眼神、听众的窃窃私语就是演讲过程中的刺激。那么演讲时，就可以不去关注听众，看着远方，这样就会减少自己的焦虑情绪。

这就是弱化的方法。

对于我的那位有"扔东西恐惧症"的学员，改变的方法也很简单。既然剩余物品需要处理时，她会产生焦虑，她干脆就不要去处理，把它们留在某个地方。然后告诉同僚或家人，当看到有东西放在某个地方，就把它们处理掉。那么她内心的纠结，也就会减少很多。

确实，她也是这样做的。

当然，改变刺激的方法，我们本能上都会去采用，以防同样的情绪再度光临。

但事实上，就像鱼儿禁不住去吃诱饵一样，有人会故意去寻找同样的刺激，来感受同样的"习惯性情绪"。因为这样的行为，会让大脑过瘾，大脑可是会悄没声地驱动我们去寻找相同的刺激的。

你知道林黛玉为什么动不动就伤月悲秋，自艾自怜？甚至飘落几片花瓣，都能让她伤心痛苦？其实怪不得别人，也怪不得木石前盟，是她自己的情绪习惯在作祟。当她习惯了同样的情绪以后，她的大脑仿佛就像放大镜一样，会向环境中寻找容易引发同类情绪的事情，让相同的情绪再度光临。所以到了晚上，回忆起一天的事情，总是能够触动她的悲伤，而史湘云却无感。因为当一天的事情一幕幕重现于眼前时，她只会看到引发同类情绪的事件，仿佛就像上天帮她安排的一样。

命乎？运乎？

其实这完全是她大脑筛选的结果，是她的大脑让她看到她想看到的事情。

所以一千个人的眼里就有一千个哈姆雷特，因为每个人的情绪习惯不一样。同样的事情，有的人看了开心，有的人看了焦虑，有的人看了怒不可遏。都是因为他们的情绪习惯不同所致。

如果是这样，那么就要用到下面的方法了。

改变反应

改变反应就是当刺激产生后，设法提高免疫力，让我们自身不再那么敏感。这个方法的核心就是让我们直面刺激，对抗刺激。

韩剧《来自星星的你》的主角都教授是一位拥有超能力的外星人，但他有一个致命的弱点——不能接触人类体液。所以，当他与千女神接吻后就出现了发烧、喉咙痛等症状。这和人类的过敏反应症状是一模一样的，是一种典型的免疫反应。

但在剧中我们发现，在开始时，都教授只能自己做饭自己吃，但随着剧情进展，他竟然已经能跟其他人同桌吃饭了。更可怕的是，初吻过后，都教授发烧了好几天，可之后再跟千女神接吻，不过只是不舒服一晚上而已。

这是如何实现的呢？

其实这就是减少过敏反应最有效且副作用最小的方法——系统脱敏：先接触极低浓度的过敏源，这样就不足以引起免疫反应，慢慢地，等身体适应之后，再逐渐提高过敏源的浓度，最终实现身体对这种物质产生耐受，不再敏感。

改变对刺激的反应的方法也是这样，我们需要通过降低刺激的强度，来提升自身情绪的耐受度。然后，慢慢提高刺激强度，最终实现克服这样的情绪。

首先，我们可以通过实践模拟，逐步提高刺激的强度，来提升自身免疫能力。

比如，对于我那位有"扔东西恐惧症"的学员，就可以按照物品的重要程度，对物品进行分类。先试着扔一些早已没有用处的，甚至可以称之为垃圾的物品。扔的过程中，仔细去感受终于把这个物品清除、让家里多出了那么多有用空间的喜悦。如果习惯了这样的情绪，那么就升级刺激，再来扔一些有价值但永远不会去用的东西，哪怕在闲鱼上拍卖。在这个过程中，再来克服自己的不安情绪，甚至体验喜悦感。然后再升级，升级到我们日常会扔掉的东西上，来反复体验。

多次的反复训练，就帮她修正了过去的情绪习惯。

其次，并不是每一种情绪体验都是可以通过实践模拟来实施的，那么就可以通过思想实验，在心中为那种情绪脱敏。

就像有人习惯性愤怒，只要碰到让自己不满的事情，就会暴怒。

比如赵绍宇，虽然他本质上是一个温和平静的人，但他却苦于无法有效应对不听话的"熊孩子"。

那天，他下班回家，刚打开门，一眼就看到孩子又拿着妈妈的手机，目不转睛地在那里打游戏。他拖鞋都没换，冲上去就把手机抢过来，恶狠狠地问："你作业做完了吗？"孩子立即就大喊大叫起来："你给我！我早做完了，你凭什么要抢我手机？"

可能是被孩子的行为激怒了，他一把就把冲上来的孩子推倒在地。看到孩子躺在地上不起来，又哭又闹，他也有些后悔，又把手机给了孩子。

听到哭闹声，孩子妈妈急忙从厨房冲出来，看到这种情况，又责备起他来："你干什么呢你？一天到晚的？"

虽然他经常告诫自己，不能这样动不动就对孩子施暴，但感觉总是把持不住。只要是看到孩子没有在学习，比如正在看电视、在打游戏，他就会怒不可遏，上去就打。

那么这种情况，找孩子来配合完成实践模拟，可能会有一定的困难。万一过程中他"旧病复发"，情绪又失控了，一巴掌下去就更难达到目的了。

这样前功尽弃，反而会让人产生很强的挫败感。这种挫败感，是获得成功的大敌。

那么他就可以通过想象，用思想实验来完成这个过程。

历史上最著名的思想实验是伽利略的"两个铁球同时落地"的实验。

最初，人们普遍相信亚里士多德的说法："物体越重，下落越快。"课本上说，为了证明这个说法是错误的，伽利略跑到了比萨斜塔上去做这个实验。其实伽利略根本没去比萨斜塔，而且也完全不用去，亚里士多德的说法是很容易不攻自破的。

伽利略的思想实验是这样的，两个铁球一个重、一个轻，按照亚里士多德的说法，肯定是重的下落比较快。那么如果把这两个球绑在一起会发生什么现象呢？会出现两种相反的悖论：

（1）两个球合体，当然更重，下降得一定比那个重的更快。

（2）重的还打算像以前一样快，但轻的跑不快，就拖了后腿。所以，速度应该比轻的快点，比重的慢点。

至此，亚里士多德的说法自然就不攻自破了。

思想实验使用得最多且成果最大的人当数爱因斯坦。

爱因斯坦的重大物理突破，都不是通过做实验，也不是通过观察来发现的，而是通过思想实验来完成的。

他最著名的思想实验就是"爱因斯坦列车"：在一段铁轨上，有三个点，A、B和它们的中间点M。甲在站台上正对着M点，乙坐在火车上，火车从A点向B点飞驰，此时乙坐的位置刚到达M时，两道闪电"同时"击中AB两点。因为甲与A、B两点的距离都一样，两道闪电的光速度也一样，因此它们会同时射到甲的眼睛里，甲可以判断，这两件事是"同时"发生的。

但是，火车上的乙就不这么看了。因为在光传到乙眼里的过程中，乙正随着火车向B点飞奔，所以，B点的光必然先传到乙眼里。所以从乙的角度看，是B先闪了一下，然后A才闪了一下。也就是说，在甲看来同时发生的事情，在乙看来不是同时发生的！

正是通过这样的思想实验，爱因斯坦提出了狭义相对论。

在乔丹的自传中，他也曾提到过一种神奇的方法——想象战术。他是这样描述的："在记忆里，我打比赛总是运用'想象战术'——想象我的成功，想象我会拿多少分，如何拿分，想象怎么才能打败对手。比如和雷杰·米勒这样的得分手打比赛，我会想象他的技法、他的场上长处，还有他会怎样拿到球等，好像整场比赛的情形都会显现在我的脑海中。然后，我会根据所想象到的制定相应对策。"

认知科学的研究表明，在大脑中想象某个事物，我们的大脑就会像真的做了那件事情一样，从而会在大脑中建立新的回路。想象得越清晰，回路就会越稳定，进而新的条件反射就会越有效。所以通过想象，也是会产生和实际类似的效果的。

对于"习惯性情绪"，在想象中，我们让那种场景再现，让同样的情绪再次涌上心头。但你完全不用担心，因为整个过程都是安全的，我们不会相互攻击，不会声嘶力竭。

当然要想成功，也不能从最困难的场景开始。那些最难以调和的矛盾，最让自己无法释怀的情形，虽然只是在脑海中想象，也会把我们压倒，让我们椎心泣血，无法平静下来。

这样的话，我们就会轻易选择放弃。

所以思想实验一定要分层次，一步一个脚印地，由易到难逐步实施。这样才符合人的认知规律。这样，情绪才逃不出我们的五指山。

比如打孩子的赵绍宇，他就要从最简单的、他能处理的情境开始想象。而且，这种想象不能只是想着"我这次不会再打孩子了"，这样的想象是没有用的，一定要想得身临其境，想象出事情发生时的场景布置，想象出每个人的音容笑貌，仿佛就像真的发生了一样。

他是这样想的：那天，他梳起了沈腾演王多鱼时曾经理过的身价十亿的发型，穿上了吴京演刘培强时曾经穿过的服装，哼起了凤凰传奇让广场舞大妈都忍不住想要扭动腰肢的小曲，扮起了王宝强演傻根时自然流露出的笑容，那心情是相当好的，感觉一切尽在掌握中！当他推开门时，一眼看到孩子正在头悬梁、锥刺股般认真地写作业，感到非常开心。他甚至轻轻地走过去，摸着孩子的头，在旁边观察孩子的一举一动。没几分钟，作业写完了，孩子又提出了那个让他牙痒痒的要求："爸爸，我要玩游戏。"这话要在平时，他当下就会板起脸，表示不开心。但是在想象中，他面带笑容，拿出手机，说："没问题，去玩吧。作业做完，就要玩个痛快。不过有时间限制，只能玩一个小时。"孩子也痛快地答应了。他觉得目的达到了，虽然当时体验到微微的不开心，但是情绪并没有失控。

对于情绪的研究发现，情绪诱因产生得越早，削弱其影响就越困难。比如同样的症状，年幼时就产生要比成年后才产生的，消除起来要困难百倍。而且刺激初次形成时，引发的情绪越强烈，削弱其影响就越困难。

所以这种训练，肯定不是一次就能见效的，需要我们多次反复地训练，才能慢慢提升我们情绪的耐受度，让自己的情绪脱敏。而且每次训练，不要频繁地更换场景，当发挥想象时，最好能让事件发生在同样的场景中，目的就是复原一致的情绪体验。

　　总有那么一刻，你会感觉自己能够游刃有余地处理了，那种"习惯性情绪"好像消失了。那么就整装待发，进入下一阶段的训练——刺激升级。

　　赵绍宇的想象也迎难而上：那天，他仍然梳起了沈腾演王多鱼时曾经理过的身价十亿的发型，仍然穿上了吴京演刘培强时曾经穿过的服装，仍然哼起了凤凰传奇让广场舞大妈都忍不住想要扭动腰肢的小曲，仍然扮起了王宝强演傻根时自然流露出的笑容，那心情是相当好的，感觉一切尽在掌握中！但是这次情况有点不一样，孩子没有在做作业，而是在看电视。他没有上去就吼孩子，而是步履轻盈地走上前去，弯下腰，询问他："在看什么电视呀？"他竟然这么淡定，竟然没有质问："你作业做完了吗？你竟然给我在这里看电视？"接着他继续想象，孩子说："我已经做完了。"听完之后，他放下心来，点点头，轻松愉快地去自己打游戏了。同样，虽然心里有个疙瘩，但情绪没有失控，目的达到了。

　　即使有时感觉一次训练就让我们轻松驾驭、达到目的，但我们还是要强调反复训练的重要性。想要修正不良的情绪习惯，就像曾国藩想要改掉自己的坏习惯时发现的一样，一时半会儿的"猛火煮"，只是急功近利的做法，根本无法做到一蹴而就；只有我们长时间地去"慢火温"，才能在这种重复体验中看到效果。

　　更重要的是，冰冻三尺，非一日之寒。当时造成创伤的刺激，可不是只发生了一次，而是在你人生的某个阶段连续反复地刺激你，伤害你。一遍遍地，把那种情绪牢牢地固定在了那个位置，造成了情绪的"固着"。

你怎么能期待一次训练就能达到目的呢？

反复地训练，赵绍宇感到，内心已经可以非常平静地面对这样的情境了。

这时，他的思想实验就可以拾级而上。

在赵绍宇的想象中：那天，他仍然梳起了沈腾演王多鱼时曾经理过的身价十亿的发型，仍然穿上了吴京演刘培强时曾经穿过的服装，仍然哼起了凤凰传奇让广场舞大妈都忍不住想要扭动腰肢的小曲，仍然扮起了王宝强演傻根时自然流露出的笑容，那心情是相当好的，感觉一切尽在掌握中！可是这次情况更严重了，孩子不但没有在做作业，而且在那里优哉游哉地打游戏。从他开门，到换衣服，到走到孩子身边，孩子连头都没抬一下。这分明是视他如无物！但他克制住了，保持了之前思想实验中一贯的慈眉善目，就像面对自己的领导一样。通过询问，他发现孩子作业还没开始做！晴天霹雳！要是在以前，出现这种情况，他会热血上涌，怒不可遏，冲上去就是一顿打。在今天的思想实验中，没想到他仍然能够保持风度，非常冷静地提醒孩子："现在已经7点了，距离晚上睡觉还有2个小时，我担心你这2个小时是否能够完成作业，你现在可以先做作业吗？完成作业后还有时间的话，再来玩游戏！"孩子听了，想了想，觉得有道理，于是主动放下手机，去做作业了。

又是一轮艰苦的训练，每一点滴的进步都离不开他的咬牙坚持与努力改进。

终于，他要攻克终极大BOSS了！

那天，在赵绍宇心中：他仍然梳起了沈腾演王多鱼时曾经理过的身价十亿的发型，仍然穿上了吴京演刘培强时曾经穿过的服装，仍然哼起了凤凰传奇让广场舞大妈都忍不住想要扭动腰肢的小曲，仍然扮起了王宝强演傻根时自然流露出的笑容，那心情是相当好的，感觉一切尽在掌握中！这次情况是最严重的，孩子果然不去做作业，而是一门心思地要打游戏。面对他和善的引导，竟然把头一扭，拒绝服从。虽然是在想象中，那种让人抓狂的感觉还是像暴风般袭来，但他克制住了。忽然他灵光一闪，说："其实爸爸妈妈一直都是允许你打游戏的，但是也希望你能把作业完成。要不我来帮你，我们一块儿做个任务表，把每天都安排上游戏时间，你看怎么样？"这时，他甚至想到了自己小的时候，每天一放学，老师留的作业直接就扔到一边，跑出去找小朋友玩了。忽然间，他对孩子生出了一缕缕同情。于是，在想象中，他同孩子一块儿做了一个放学时间安排表。表中，不仅安排好了作业时间、游戏时间，竟然发现还可以安排很多拓展业余爱好的时间。而且他也承诺以后会帮孩子。当有困难的时候，他愿意抽出时间，和孩子一块儿想办法。

每一次的训练，都要求我们要像赵绍宇一样，展开生动的想象，仿佛那个场景就真的发生了。从场景的开始，到整个场景完全结束，不要漏掉任何一部分。

中途，我们可能按捺不住，被涌起的强烈情绪吞没了，打断了。不要担心，既然被打断了，那我们就暂停。

等我们平静下来，仔细想想在目前阶段，我们选择的刺激强度是否太大，如果太大，就想办法降低刺激强度，从简单的做起。如果不是的话，那么我们可以先理性思考好，这种情况下，如何做才合适，然后再让自己的思绪回到那个场景。

其实这个方法就是孔夫子说的"吾日三省吾身"。

如果能够按照这样的方法坚持不懈地一遍遍训练，从简单到复杂，不论是通过实践还是思想实验，让"老革命遇到新问题"，从而让我们的大脑神经元帮我们建立新的回路，建立新的情绪习惯。蓦然回首，那个全新的、脱胎换骨的自己，却在灯火阑珊处。

😊 修复创伤

当特定的刺激出现时，我们本可以产生无数种反应，但是我们只选择了某种特定的反应。那是因为在最初产生这种情绪的那一刻，我们受到了创伤。到底为什么会产生这样的情绪，可能自己也记不清了。只把这样的情绪保留下来了，让我们在此后的生命中，一次次回放那最初的焦虑、恐惧与无助，在内心一遍遍演绎最初的痛苦。

如果我们能够找到造成创伤的那个最初时刻，再用当时的处境与现在的状况进行对比，对其进行理性分析；甚至让当时的情境再现，让现在的自己去勇敢面对，说不定就把那难缠的"习惯性情绪"化解了。

这就是锁定刺激所诱发的具体创伤，来进行修复。

就像我的那位有"扔东西恐惧症"的学员，当我问她，现在的情绪是否和小时候的情绪相似时，她明确地告诉我说："是的。我感觉完全一样，那时我也是这样的感受。"当她再回忆起过去的情况，那种焦虑、羞愧、无奈感又再次升腾起来，甚至她的身体都有些微微地颤抖。

那的确是小时候的情绪持续到了现在。

我的学员说，每次奶奶要求她必须把饭吃完时，她感觉自己又犯错了，同时有种被强迫感。她无法反抗，只能忍着眼泪吃完。对于年幼的她，每次碰到这种情况，都会给她带来巨大的压力，但又非常无奈。而这种压力的影响一直延续到了现在。当要浪费食物时，当要扔东西时，虽然奶奶不在身边，但是奶奶的话，就像咒语一样，悄没声地，抓紧了她的每一根神经末梢。那种焦虑、恐惧、无奈感再次来袭，让她寸步难行。

奶奶的教诲就是套在她心头的紧箍咒，就是她"习惯性情绪"的根源。

其实这种对创伤时刻的唤醒，往往就是一种修复。弗洛伊德在最初治疗精神病人时，采用的就是宣泄疗法，当病人向他宣泄出最初创伤时的痛苦，其后，癔症症状竟然消失不见了。

然后，我们可以更进一步。就是应用我们的理性，来针对病根进行分析，重新认识过去的那段情绪。告诉自己，过去的情绪早已不适合现在的状况，从而来化解那段情结。

当我和这位学员一块儿来探讨这种情况时，她说："当时的家庭情况，物质极度缺乏。的确，浪费食物，弄坏物品，都是让人无法原谅的。可是现在的我，家里拥有几套房子，我和老公都有稳定而丰裕的收入，早已不再为物质而忧愁了。所以浪费一点点也是没问题的。我不需要再为扔掉东西而担心，即使把有点价值的东西丢掉，我也能补回来。"

当我问："假设现在你又回到奶奶身边，吃饭时，她又要求你要全部吃掉，而且告诉你不吃完就会天打雷劈呢？"她想了想，说："我可以告诉奶奶：'奶奶，你帮我留着，我下次再吃。'"说出这句话时，她忽然感到一丝解脱。

最后，我们做了情境再现。既然我们已经找到了症结所在，我就找其他学员来扮演当时的奶奶，面色严肃地告诉她说："把剩下的饭都吃掉，否则你会被天打雷劈的！"看她是否能够坦然面对，并把刚才的话说出来？虽然有点纠结，但是努力之后，她看着扮演者，说："我现在吃饱了，不需要再吃了。你帮我留着，我下次再吃。"这样，她就把深埋在潜意识中的创伤进行了修复，从而她的情绪耐受度也得到了提升！

此刻，情绪又回到了她的掌控中！

依然，这也不是一蹴而就的。这需要后面每次唤起她同样的情绪时，她能够主动用现在的想法来修复，或者再一次次地重现当时的情境。假以时日，才能收获真正的转变与成功。

这就像马戏团里面训练大象一样。

当大象还是小象的时候，工作人员把它拴在柱子上，小象想要用力挣脱，但是每次都以失败告终。后来，在它心中烙下烙印，那根铁链是挣不脱的，就不再试图挣扎了。可是随着小象渐渐长大，变成了大象，这时它只要用力，那根柱子根本就无法拦住它。但它从来不会去尝试努力，因为在它的心里，那根柱子就是拴它的，它是跑不掉的。

过去的事件，就像拴住小象的柱子。当时，面对强大的压力与痛苦，我们的确无能为力，我们被压垮了。造成创伤的柱子，就此把我们锚定在那最初的位置。而现在，我们在人生的路上已经走了很远，原来压垮我们的情境，现在看来早已变成小菜一碟。但情绪就像那条锁链一样，希望我们不要挣脱。

这样的修复，就是斩断锁链的过程。

这是一次心灵的成长，让我们不再受过去的羁绊，把那些和我们现在情况不符的情绪习惯抛诸脑后，活在当下。

对于"习惯性情绪"，如果自己尝试训练感到比较困难，那么主动去寻求心理治疗，也是不错的选择。不要羞于去找心理医生，现在的人，心灵的疗伤和感冒吃药是没有差别的。

本章小结

负面的情绪习惯会像宿命一样，操纵着人的内心，让人备受折磨。即使明知这样是有破坏性的，但只要类似的"诱发性事件"发生，就会产生同样的"习惯性情绪"。

改变"习惯性情绪"有三种方法：改变刺激、改变反应和修复创伤。

（1）改变刺激：

①主动回避类似的诱发性事件。

②弱化刺激。

（2）改变反应：

改变反应就是提高我们对刺激的免疫力。

①通过实践模拟，逐步提高刺激的强度，来提升免疫力。

②通过思想实验，由易到难逐步实施。

无论是实践模拟还是思想实验，都需要反复地训练才能看到成效。就像最初造成创伤的刺激，总是反复地来伤害我们一样。

（3）修复创伤：

创伤，让我们在此后的生命中，一次次回放那最初的焦虑、恐惧与无助。

①找到造成创伤的那个最初时刻，用现在的状况对当时的处境进行理性分析。

②让当时的情境再现，让现在的自己去勇敢面对。

第十章　情绪管理的应用

任何人都会生气——这很简单。但选择正确的对象，把握正确的程度，在正确的时间，出于正确的目的，通过正确的方式生气——这却不简单。

——亚里士多德《伦理学》

情绪失常时的愤怒

到此，已临近尾声，本书也要谢幕了！那么你是否还记得本书核心解决的是什么情绪吗？

是愤怒！是愤怒！是愤怒！

我们主要解决的是情绪失常时的愤怒。

当人面临生死存亡的巨大威胁时，奋起反抗，甚至手刃坏人，这样的愤怒并不是病态，而且是我们普遍能接受的。这样的情绪，不需要考虑本书的任何对策！

我们也看到各种各样的暴力，比如纳粹的屠杀，这些杀人魔其实并没有愤怒，杀人其实是他们的理性选择。有的连环杀人犯，他们在行凶时是完全没有愤怒的，他们甚至把杀人当乐趣。这些暴力也不是情绪失常的结果，对于这样的暴徒，本书无药！

我们只想解决每一位普通人身上都普遍具有的愤怒。不论对人对己，愤怒都是一种最危险的情绪。当我们通过一整套工具的应用，能够有效处理愤怒时，那么我们的沟通能力，以及与人相处的能力都会得到大幅提高。

那你觉得，情商高的人，会不会发怒？

其实情商高的人也会发怒，因为我们说"情绪化行为"是策略，所以发怒对他来说只是策略之一。但很重要的是，他在控制情绪，而不是情绪把他控制。所以他能收放自如，可以随时让自己发怒或不发怒，让事态处于受控状态。而情商低的人，他发怒时，完全处于情绪失常状态，会让事情发展到惨不忍睹的境地，也得不到自己想要的。

火山模型的应用

内心是否转变

从"情绪化行为"章节到现在，为了解决愤怒，我们从火山的表面，追根溯源，挖掘到了火山的根部（见图10-1）。可以说，我们对情绪已经了如指掌了。

可能有人会觉得，这个模型太复杂了，这样管理情绪会累死人。所以他有更简单的方法，比如用跑步等方式来转移注意力，从而让自己忘记情绪。或者去喝酒，来发泄情绪。这样也能管理情绪。

这些方法有时是有一定的作用的。比如，当发现自己被情绪控制了，及时采取一些转移注意力的方法，如散步、听音乐等，这时，人容易冷静下来。等冷静下来后，再采用更有建设性的方式，去与人解决争端。这样的措施，是非常有必要的，的确也是有作用的。

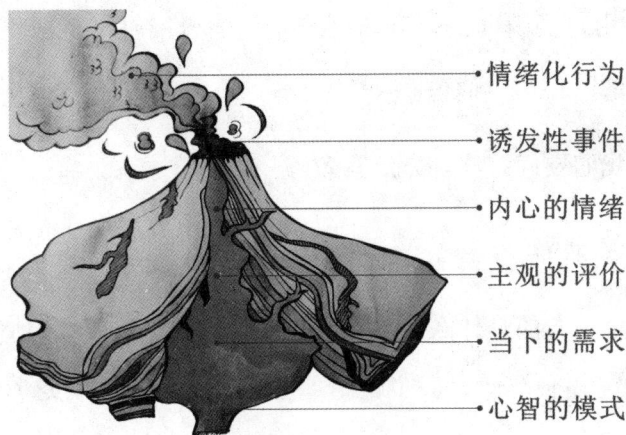

图 10-1　火山模型

但单纯只是使用转移和发泄的方法，可能效果却是不一定的。你要问，这件事情是否还压在你的心里？你的需求是否得到了满足？对方在你眼里是否还是一个恶人？你对事实的了解是否更全面了？

如果没有，这些方法就只是压抑和回避的策略，只是江湖郎中的狗皮膏药，并不能让我们如愿管理情绪！

因为情绪管理的本质，在于内心是否实现了转变！

甚至有研究显示，情绪发泄后会让人感觉更差。比如，有人选择去喝一顿闷酒，有人选择去剧烈运动，这种发泄的方法会唤起人的情绪脑，使人更加愤怒，甚至驱使人去采取极端措施。因为造成怨恨的原因仍然在那里，这些措施反而是让火山表面松动的策略，会让"情绪化行为"

来得更加猛烈。

我见到过的最神奇的方法，就是用一根橡皮筋来弹自己，说这样就可以管理情绪了。其实我们很容易就能理解这个方法发明者的苦心，因为人一心不能二用，当瞬间的疼痛占据了我们的思维时，就来不及顾及伤心痛苦了，可能就把那份情绪忘却了。

同样地，我们要问：这种方法有效吗？

我们来分析一下：

请问：疼痛唤起的是什么情绪？其实它唤起的是人的负面情绪。当这些负面情绪被疼痛唤醒时，我们的情绪脑可能更加活跃！这只会让我们更不开心！

另外，用橡皮筋弹自己，给自己制造痛苦，这是轻微的自虐。我们很容易就能识别出这个方法的脉络。比自虐更严重的是自残，然后就是自杀。请问人在什么情况下才会产生这样的行为？这往往都是由于极度的自我憎恨。比自我憎恨更轻一点的，就是自责。所以它从心理到行为，从轻到重的顺序就是：自责—自我憎恨—极度自我憎恨—自虐—自残—自杀，这种管理情绪的方式简直是让人一条道走到黑的节奏！

所以无论我们怎么分析，这种方法都不可取！

同样，让我们对采用电击疗法来治疗网瘾的行为表示鄙视，让我们对想要通过痛打孩子就想把孩子教育好的行为表示鄙视。其实这些方法，都像那根橡皮筋一样，只能换得竹篮打水一场空。

还是让我们回到情绪本身，来管理情绪吧！

☹ 情绪的时间维度

那么，情绪的发生过程，和"火山模型"是否一致呢？比如，从上到下，逐步深入？

其实，情绪的确是走过"火山模型"的过程，但顺序上却不是从上到下或从下到上。

按照时间顺序，"诱发性事件"是情绪的肇因，排在第一个。正是"诱发性事件"的发生，导致我们有需求未被满足，就是"当下的需求"。由于需求未被满足，我们会妖魔化对方，认为对方是坏人，对方是故意要这样的，这就是"主观的评价"，几乎同步地，我们会非常恼火，甚至愤怒，这是我们"内心的情绪"。在如此不安的情绪之下，我们会使用"情绪化行为"这样的策略来试图满足需求。

所以，按照时间顺序，情绪的发生过程是按照图10-2的步骤推进的。

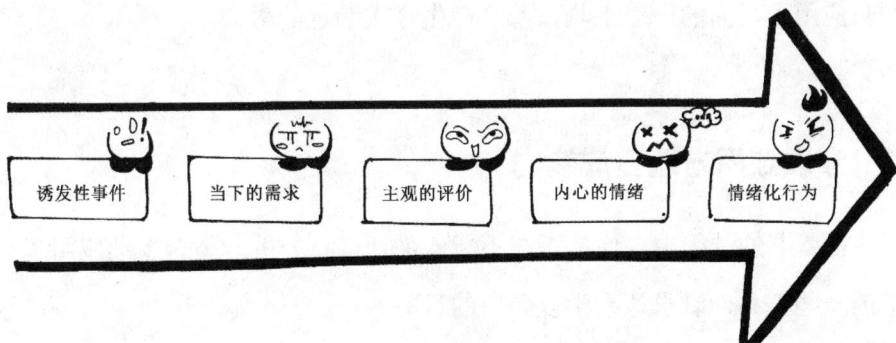

| 诱发性事件 | 当下的需求 | 主观的评价 | 内心的情绪 | 情绪化行为 |

图 10-2　情绪的发生过程

处理当下的情绪，不用考虑"心智的模式"，只需追溯到未被满足的需求就足够了，我们有足够多的工具来帮你化解自己或对方的情绪。

😊 高手的方法

你觉得处理当下的情绪，是不是每次都要挖掘到未被满足的需求呢？

其实不是的。有时候，面对情绪，我们仅仅需要做的是，去了解事情的来龙去脉，通过"周哈利窗"，缩小盲区就足够了。因为此时，你已完全能够理解对方的行为，以及对方这么做的原因，情绪自然就消散了。而此时，我们不过是对"诱发性事件"采取了措施而已。

其实在"火山模型"的不同层次上，是存在连锁反应的，当你修正了对"诱发性事件"的理解，你会发现，你"主观的评价"也会随之改变。

而有时，我们仅仅需要理出"情绪清单"，然后与对方沟通时就不会产生太多的攻击性，"情绪化行为"也就弱化或消失了。

所以，只要掌握了方法，就像武林高手一样，飞花摘叶皆可伤人。哪怕只应用了里面的一个工具，都会产生令人满意的效果。

😣 学以致用方能变成能力

在读书的过程中，你是否在不断地进行自我分析？是否主动应用了书中的一些工具，以求达到学以致用的目的？

因为单纯看书，我们只是获得了某种信息。这些信息，作为谈资是可以的，但要管理情绪，却需要把那些工具变成你的能力。

请你针对以下题目进行评估，如果能做到，就打钩。

情绪化行为：

☐ 我减少了语言暴力和行为暴力；

☐ 我能及时发现自己产生了情绪；

☐ 我能及时观察出别人的情绪；

☐ 我能通过"责任分析法"来分析自己的责任。

诱发性事件：

☐ 我不会坚信第一反应认定的事实；

☐ 我能主动去了解不同侧面的情况来缩小盲区；

☐ 我能听进去反对意见，并修正自己的观点；

☐ 我能有效处理意见分歧。

内心的情绪：

☐ 我不会强行压抑情绪；

☐ 我能准确识别出不同的情绪；

☐ 我能通过"情绪清单"来了解自己到底产生了什么情绪；

☐ 我能有效化解别人的攻击性行为。

主观的评价：

☐ 我不会对别人进行妖魔化；

☐ 我能使用"枕头法"来理解不同的价值观；

□ 受到伤害时，我仍然能够客观地看待彼此；

□ 我能够使用"动机分析法"来减少对别人动机的猜测。

当下的需求：

□ 在生气时，我能分析出自己真正的需求；

□ 我能采取合适的策略来满足需求；

□ 我能清晰明确地表达需求；

□ 我能探索出别人"情绪化行为"背后的需求。

心智的模式：

□ 我知道自己有什么样的"习惯性情绪"；

□ 我能通过改变刺激来减少"习惯性情绪"；

□ 我能通过改变反应来提升情绪免疫力；

□ 我能主动修复创伤。

其实我的期待并不高，如果你有超过50%的项目都打钩了，那么我就要恭喜你了，我认为你掌握得很好。

但如果没有达到50%，也请你不要气馁，你能读到现在，已经走出舒适区了。只要带着信心，未来仍然坚持刻意训练，必定会学有所成。就像学习游泳一样，方法很容易就能理解，但没有假以时日的刻意练习，永远只能在岸上看别人在水中快活！

所以，我们不要期待一夜之间就让情绪管理能力得到大幅提升。这需要我们付出坚持不懈的努力。虽然过程中不乏充满挫败感的体验，甚至充满对自己是否能改变的怀疑，这是每个人走出舒适区的必经之路，完全不需大惊小怪。只要你能够持之以恒，必能收获成功的果实。

不要在伤口上撒盐

你是否也跃跃欲试，想要帮助周围的人解决他们的情绪问题呢？

如果是这样，那就更要恭喜你了，证明你收获很大！

但我并不建议你把自己扮成心理医生，想要帮助别人解决任何情绪问题。一般对于当下的情绪，追溯到未被满足的需求就足够了。当你面对忧郁症、焦虑症、厌食症、躁狂症等"习惯性情绪"，这些情绪问题背后的心理创伤，并不是那么容易发现的。所以并不建议你试图去揭示人家的创伤，因为这有可能仅仅是你的猜测。妄下结论，并不是疗伤，而是给伤口上撒盐。所以，当面对身陷于这样困境的人，我们还是交给专业的人士来处理吧。请你务必要给他建议，让他去找心理医生，这样才会对他更有帮助。

最后，感谢你与我携手走到现在！

本章小结

本书核心解决的是每一位普通人身上都普遍具有的愤怒情绪。

情绪的发生过程是：诱发性事件→当下的需求→主观的评价→内心的情绪→情绪化行为。

单纯使用转移和发泄的方式，并不能让我们如愿管理情绪！

处理当下的情绪，不需要每次都挖掘到未被满足的需求，只要掌握了方法，就像武林高手一样，飞花摘叶皆可伤人。

要想提升情绪管理能力，必须通过刻意练习。

对于一些严重的心理创伤，我们应建议他们去寻求心理医生的帮助。

附录A　鲁提辖拳打镇关西

三个酒至数杯，正说些闲话，较量些枪法，说得入港，只听得隔壁阁子里，有人哽哽咽咽啼哭。鲁达焦躁，便把碟儿盏儿都丢在楼板上。酒保听得，慌忙上来看时，见鲁提辖气愤愤地。酒保抄手道："官人，要甚东西，分付卖来。"鲁达道："酒家要甚么？你也须认得洒家！却恁地教甚么人在间壁吱吱的哭，搅俺弟兄们吃酒，洒家须不曾少了你酒钱！"酒保道："官人息怒，小人怎敢教人啼哭，打搅官人吃酒。这个哭的，是绰酒座儿唱的父女两人，不知官人们在此吃酒，一时间自苦了啼哭。"鲁提辖道："可是作怪！你与我唤得他来。"

酒保去叫，不多时，只见两个到来，前面一个十八九岁的妇人，背后一个五六十岁的老儿，手里拿串拍板，都来到面前。看那妇人，虽无十分的容貌，也有些动人的颜色，拭着泪眼，向前来深深的道了三个万福。那老儿也都相见了。鲁达问道："你两个是那里人家？为甚啼哭？"那妇人便道："官人不知，容奴告察：奴家是东京人氏，因同父母来这渭州，投奔亲眷，不想搬移南京去了。母亲在客店里染病身故，子父二人，流落在此生受。此间有个财主，叫做'镇关西'郑大官人，因见奴家，便使强媒硬保，要奴作妾。谁想写了三千贯文书，虚钱实契，要了奴家身体。未及三个月，他家大娘子好生利害，将奴赶打出来，不容完聚，着落店主人家，追要原典身钱三千贯。父亲懦弱，和他争执不得，他又有钱有势，当初不曾得他一文，如今那讨钱来还他？没计奈何，父亲自小教得奴家些小曲儿，来这里酒楼上赶座子，每日但得些钱来，将大半还他，留些少子父们盘缠。这两日酒客稀少，违了他钱限，怕他来讨时，受他羞耻。子父们想起这苦楚来，无处告诉，因此啼哭，不想误触犯了官人，望乞恕罪，高抬贵手！"

鲁提辖又问道："你姓甚么？在那个客店里歇？那个镇关西郑大官

人？在那里住？"老儿答道："老汉姓金，排行第二。孩儿小字翠莲。郑大官人，便是此间状元桥下卖肉的郑屠，绰号镇关西。老汉父女两个，只在前面东门里鲁家客店安下。"鲁达听了道："呸！俺只道那个郑大官人，却原来是杀猪的郑屠！这个腌臜泼才，投托着俺小种经略相公门下做个肉铺户，却原来这等欺负人！"回头看看李忠、史进道："你两个且在这里，等洒家去打死了那厮便来！"史进、李忠抱住劝道："哥哥息怒，明日却理会。"两个三回五次劝得他住。

附录B 好心·没有好报

有一天，员工孙善珍找到李部庆希望能多一些加班机会，但李部庆觉得满足她的要求是对其他员工的不公平，因此拒绝了孙善珍的请求。于是，孙善珍不得不将自己母亲得重病必须补充营养的事情告诉了他。

第二天，李部庆将孙善珍的事情在早会上告诉了同事，并号召同事们帮助她渡过难关。同事们被孙善珍的孝心感动，有人主动让出加班机会给孙善珍，最后孙善珍得到了四次加班的机会。但她的心情并不好。

本来是一件好事，谁想到，事后两人的关系反而变得糟糕了。

那天，李部庆来到孙善珍身边。

李部庆："小孙，你妈妈的情况怎么样了？"李部庆从心里是关心孙善珍的。

孙善珍："不关你事。"同时还翻了个白眼儿。她一副冷漠的态度，而且带有攻击性。

如此突然袭击，李部庆彻底被激怒了，气得下巴都要掉下来。他已无心去了解事实，而是回归到了原始本能——指责对方："我好心被你当成驴肝肺，我帮了你，你却这么对我？"李部庆真的是不理解。

孙善珍："哼，你帮我？你就是显摆你自己，显摆自己是个好领导。你不就是想要羞辱我吗？你给不给加班机会我都不在乎。"

李部庆一片好心，却被一盆凉水从头浇下来。没想到自己的好心，在对方的眼里是显摆，是羞辱。他咬了咬牙，仍然采取了克制的态度，说："我怎么就羞辱你了？你让我帮你，我就帮你了，而且我都给你争取加班机会了。这样做怎么就不对了？"语气中充满了委屈与失望。

听了李部庆的话，孙善珍不但没有消气，反而语气坚决地质问他：

"哼哼，你没羞辱，那你怎么把我妈妈生病的事情告诉别人？你问过我吗？谁知道你存什么心？我跟你说，你不要自以为是！"

李部庆一听，心里一顿，有点理屈词穷。他不由得换了个腔调，语带挖苦地说："呵呵，你玻璃心啊？帮你还有错了？我不告诉大家，就让大家把加班机会让给你，人家愿意吗？再说你觉得这样公平吗？你自己想想看！"

看到李部庆到现在不但不承认自己的错误，反而振振有词，孙善珍更加生气了。本来自己的隐私被李部庆随便说，就已经很委屈了，现在对方却说自己是玻璃心。这种打击，让人如何能承受得了？她用手指向李部庆，双眼中怒火已如一道道闪电："你说谁玻璃心呢？像你这种自以为是的人……"

"好好好，我自以为是，我现在就可以告诉大家你不需要加班机会，省得你说我们羞辱你。"李部庆指着孙善珍，打断了她，他觉得自己真的是好心没有得到好报：不帮她，她真的有需要！帮了，结果变成了羞辱！做人怎么这么难？

"哇"的一声，孙善珍哭了出来，大喊大叫起来："好啊，你去跟大家说吧，大不了我不干了。碰到你这样的人，我也只能不干了呗。我还没见过你这样的领导呢！"

两人唇枪舌剑，用的全部都是语言暴力。孙善珍认为李部庆故意伤害自己，而李部庆却坚决否认，完全进入了恶性循环，阻碍了彼此的坦诚交流。

这样的沟通会让人感觉度日如年，非常难挨。

事后，两人的内心中，仍然充满了委屈、愤懑、不安与焦虑。两人的选择是你走你的阳关道，我过我的独木桥，尽量井水不犯河水。即使碰到事情，需要打交道，他们都刻意回避这个问题，李部庆不再关心孙善珍的妈妈病情怎么样，孙善珍也不再关心是否能多加班。即使不回避，他们也很难逃出这个难解的循环圈。它就像一个死结一样，越拉越紧，让两人陷在里面，无法自拔。

参考文献

1. 艾克曼. 情绪的解析[M]. 杨旭译. 海口：南海出版社，2008.

2. 朴用喆. 情绪自控力[M]. 千太阳译. 北京：中信出版社，2014.

3. 丹尼尔·戈尔曼. 情商[M]. 杨春晓译. 北京：中信出版社，2010.

4. 米歇尔·克莱. 应该补上的一课[M]. 董利晓，陈艳颖译. 北京：东方出版社，2006.

5. 阿尔伯特·埃利斯，阿瑟·兰格. 我的情绪为何总被他人左右[M]. 张蕾芳译. 北京：机械工业出版社，2015.

6. 马歇尔·卢森堡. 非暴力沟通[M]. 阮胤华译. 北京：华夏出版社，2009.

7. 戴尔·卡耐基. 人性的弱点[M]. 云中轩译. 南昌：江西人民出版社，2016.

8. 斯通等. 高难度谈话[M]. 王甜甜译. 北京：中国城市出版社，2010.

9. 科里·帕特森，约瑟夫·格雷尼，罗恩·麦克米兰. 关键对话：如何高效能沟通[M]. 毕崇毅译. 北京：机械工业出版社，2012.

10. 阿德勒，普罗科特. 沟通的艺术：看人入里，看出人外[M]. 黄索菲译. 北京：世界图书出版公司北京公司，2010.

11. 默娜·R.舒尔，特里莎·弗伊·迪吉若尼. 如何培养孩子的社会能力[M]. 张雪兰译. 北京：京华出版社，2009.

12. 西格蒙德·弗洛伊德. 精神分析引论[M]. 徐胤译. 杭州：浙江文艺出

版社，2016.

13．刘慈欣.三体[M].重庆：重庆出版社，2008.

14．曹雪芹/高鹗.红楼梦[M].西安：三泰出版社，2009.

15．吴思.潜规则[M].昆明：云南人民出版社，2001.

16．刘继军.爱因斯坦：想象颠覆世界[M].北京：北京联合出版公司，2016.

17．施耐庵.水浒传[M].济南：齐鲁书社，2007.

18．十年砍柴.闲看水浒：字缝里的梁山规则与江湖世界[M].太原：陕西人民出版社，2010.

19．郭士顿.只需倾听[M].苏西译.重庆：重庆出版社，2010.

20．张宏杰.曾国藩传[M].北京：民主与建设出版社，2018.

21．史蒂芬·柯维.高效能人士的七个习惯[M].王亦兵等译.北京：中国青年出版社，2002.

22．华姿.德兰修女传：在爱中行走[M].重庆：重庆出版社，2010.

23．海伦·凯勒.假如给我三天光明[M].夏志强，程智译.北京：光明日报出版社，2005.